融媒体图书使用说明

U0176938

高等院校装配式建筑系列规划教材

『互联网+』新形态信息化教材

装配式混凝土建筑施工技术

ZHUANGPEISHI HUNNINGTU

JIANZHU SHIGONG

JISHU

主审／单 炜 关 锋

主编／张 琨 杨道宇 高 峰

1+X

天津大学出版社
TIANJIN UNIVERSITY PRESS

内 容 简 介

本书共分为7章,分别为绪论、装配式混凝土结构施工准备、装配式混凝土结构的主体施工工艺、装配式混凝土结构的管线安装施工、装配式混凝土结构的装饰施工、装配式混凝土结构的工程验收、基于BIM技术的装配式混凝土结构施工。为使学习内容更加生动形象,本书配有数字图文、动画、视频及微课等,以更好地帮助读者了解装配式混凝土建筑施工技术的相关知识。同时,对选用本书的教师将提供免费教学课件,以供参考。

本书可作为高等院校土木工程、工程管理、建筑材料等相关专业的教材,也可作为相关企业员工的岗位培训教材。

图书在版编目(CIP)数据

装配式混凝土建筑施工技术:1+X / 张琨, 杨道宇,
高峰主编. -- 天津:天津大学出版社, 2021.6(2024.8 重印)
高等院校装配式建筑系列规划教材"互联网+"新形态信息化教材
　ISBN 978-7-5618-6972-7

　Ⅰ.①装… Ⅱ.①张… ②杨… ③高… Ⅲ.①装配式
混凝土结构－混凝土施工－高等学校－教材 Ⅳ.
①TU755

中国版本图书馆CIP数据核字(2021)第126847号

出版发行	天津大学出版社	
地　　址	天津市卫津路92号天津大学内(邮编:300072)	
电　　话	发行部:022-27403647	
网　　址	www.tjupress.com.cn	
印　　刷	北京虎彩文化传播有限公司	
经　　销	全国各地新华书店	
开　　本	185mm×260mm	
印　　张	11.75	
字　　数	331千	
版　　次	2021年6月第1版	
印　　次	2024年8月第4次	
定　　价	38.00元	

编审委员会

前言

　　大力发展装配式建筑有利于提升建筑品质,实现建筑行业节能减排和可持续发展的目标。随着《中共中央 国务院关于进一步加强城市规划建设管理工作的若干意见》和《国务院办公厅关于大力发展装配式建筑的指导意见》等文件的相继出台,装配式建筑得到快速发展。

　　国家提出大力培养装配式建筑设计、生产、施工、管理等方面的专业人才,鼓励高等学校、职业学校设置装配式建筑相关课程,推动装配式建筑企业开展校企合作,创新人才培养模式。装配式建筑不仅仅是建造方式的变革,是我国建筑业实现"建造→智慧建造→制造"的关键途径之一,也是实现建筑产业化的有效途径,对建设相关产业的布局和任务分配、建筑施工企业的人员构成、生产方式的变革具有极大的影响。为深入贯彻落实国家相关文件和精神,探索装配式混凝土建筑的施工技术,构建新型装配式建筑人才培养模式,黑龙江建筑职业技术学院联合哈尔滨建筑云网络科技有限公司、中建一局集团第三建筑有限公司,校企深度合作共同编写了本书。本书充分体现了信息化技术与数字资源的优势。

　　本书以培养装配式混凝土建筑施工的技术与管理人员为目标,结合现行国家、行业及企业技术标准,系统阐述了装配式混凝土结构施工准备、装配式混凝土结构的主体施工工艺、装配式混凝土结构的管线安装施工、装配式混凝土结构的装饰施工、装配式混凝土结构的工程验收、基于 BIM 技术的装配式混凝土结构施工等内容。

　　本书由黑龙江建筑职业技术学院副教授张琨,哈尔滨建筑云网络科技有限公司副总、高级工程师杨道宇,中建一局集团第三建筑有限公司副总、教授级高级工程师高峰担任主编,由东北林业大学教授、博士生导师单炜,中建一局集团第三建筑有限公司一级注册建造师、一级注册造价师、总经济师、高级工程师关锋担任主审。具体编写分工如下:张琨、高峰编写内容简介、前言、第 4 章、第 5 章及相应的习题参考答案和课件,杨道宇、齐小燕、王博编写附录、第 6 章及相应的习题参考答案和课件,张常明编写第 2 章、第 3 章及相应的习题参考答案和课件,李楠编写第 1 章及相应的习题参考答案和课件,马伟文编写第 7 章及相应的习题参考答案和课件。本书由张琨进行统稿,数字资源设计、制作由杨道宇和张琨共同完成,习题参考答案和参考文献由费琼娇、宋健整理、编辑,天津大学出版社为数字资源提供技术支持。

编者在编写本书的过程中查阅并参考了大量期刊、图书以及网络资料,在此谨向相关资料的作者和单位表示由衷的感谢。由于装配式混凝土建筑正处于不断发展和实践的过程中,还有许多施工现场实践问题需要进一步深入学习研究,同时由于编者水平有限,书中难免会存在不妥和疏漏之处,敬请广大读者批评指正。

编　者
2021 年 3 月

目录

第1章 绪 论

知识目标

了解建筑工业化的概念和特点;掌握装配式建筑的概念和特点;了解装配式建筑的意义和发展历史;掌握装配式建筑的政策及标准;了解国内外装配式建筑。

能力目标

使学生了解装配式建筑的特点、发展历史以及重要意义;会运用装配式建筑的评价方法进行等级划分;了解国内外的代表性装配式建筑。

1.1 建筑工业化概述

1.1.1 建筑工业化的概念

建筑工业化是伴随着西方工业革命出现的概念,工业革命使船舶、汽车的生产效率大幅提升。随着欧洲新建筑运动的兴起,一些国家开始实行工厂预制、现场进行机械装配,因而逐步形成了建筑工业化的理论雏形。第二次世界大战后,西方国家急需大量住房而劳动力严重缺乏,为推行建筑工业化提供了实践的基础,建筑工业化因工作效率高而在欧美风靡一时。

1900 年,美国制造了一套能生产较大的标准钢筋混凝土空心预制楼板的机器,并用这套机器制造的标准构件组装房屋,率先实现了建筑工业化。工业化建筑体系是从建造大量的建筑(如学校、住宅、厂房等)开始的。1956 年 5 月 8 日,国务院出台《关于加强和发展建筑工业的决定》,这是我国最早提出建筑工业化的文件。这个时期建筑工业化主要解决建筑业以手工为主的生产方式不能满足建设需求的问题,手工建设速度完全落后于工业生产需要,鉴于当时的建设重点是工业建筑,在标准柱网下很多构件可以预制生产,同时可以实现机械化吊装,加快建设速度,为此全国建立了 70 多家预制生产厂,专门生产各种预制构件,供建设工地使用。

梁思成先生在 1962 年 9 月 9 日的《人民日报》上发表文章,指出"结合中国条件,逐步实现建筑工业化",并在"设计标准化,构件预制工厂化,施工机械化"的前提下圆满处理建筑物艺术效果的问题。在"千篇一律"中寻求"千变万化",这的确不是一个容易解答的问题,需要做出巨大的努力。

1974 年,联合国发布的《政府逐步实现建筑工业化的政策和措施指引》中定义了"建筑工业化"是按照大工业生产方式改造建筑业,使之逐步从手工业生产转向社会化大生产的过程。它的基本途径是建筑标准化、构配件生产工厂化、施工机械化和组织管理科学化,并逐步采用现代科学技术的新成果,以提高劳动生产率,加快建设速度,降低工程成本,提高工程质量。

1.1.2　建筑工业化的特点

建筑工业化是建筑产业化的核心。建筑工业化是指用现代工业化的大规模生产方式代替传统的手工业生产方式来建造建筑产品。目前,建筑工业化主要是指在建筑产品形成过程中,大量的建筑构配件可以通过工业化和工厂化的生产方式进行生产,从而最大限度地加快建设速度,改善作业环境,保障工程质量和安全生产,提高劳动生产率,降低劳动强度,减少资源消耗和污染物排放,以合理的成本和工期来建造满足各种使用要求的建筑。建筑工业化主要体现在三方面:建筑设计标准化、中间产品工厂化、施工作业机械化。

建筑工业化是新型工业化的构成部分,是建筑产业现代化的重要途径。其目的是提高建筑工程质量、效率和效益,改善劳动环境,节省劳动力,促进建筑节能减排、节约资源;重点是现代工业化、信息化技术(如 BIM,建筑信息模型)在传统建筑业中的集成应用,从而促进建筑生产方式转变和建筑产业转型升级。

1.2 装配式建筑概述

1.2.1 装配式建筑的概念

装配式建筑是指结构系统、外围护系统、设备与管线系统、内装系统的主要部分采用预制部品部件集成的建筑。其中,结构系统由混凝土部件(预制构件)构成的装配式建筑,称为装配式混凝土建筑。

1.2.2 装配式建筑的意义

装配式建筑把传统建造方式中的大量现场作业工作转移到工厂进行,建筑用部品部件在工厂加工制作后,运输到建筑施工现场,通过可靠的连接方式在现场装配。装配式建筑主要包括装配式混凝土建筑、装配式钢结构建筑和装配式木结构建筑。大力发展装配式建筑,是推进建筑业转型发展的重要方式。

1.2.3 装配式建筑的特点

装配式建筑的特点主要体现在以下几方面。
(1)标准化设计。
(2)工厂化生产。
(3)装配化施工。
(4)信息化管理。
(5)一体化装修。
(6)智能化应用。

1.2.4 装配式建筑的发展历史

1. 起步阶段

我国的装配式混凝土建筑起源于 20 世纪 50 年代。那时,中华人民共和国刚刚成立,全国百废待兴。发展建筑行业,为人民提供住房和改善居住环境,迫在眉睫。当时,我国著名的建筑学家梁思成先生就已经提出了"建筑工业化"的理念,并且这一理念被纳入我国第一个五年计划中。借鉴前苏联和东欧国家的经验,我国建筑行业大力推行标准化、工业化和机械化,发展预制构件和装配式施工的房屋建造方式。1955 年,北京第一建筑构件厂在北京东郊百子湾兴建;1959 年,我国采用预制装配式混凝土技术建成了高达 12 层的北京民族饭店。这些事件标志着我国装配式混凝土建筑的发展已经起步。

1942年，瓦尔特·格罗皮乌斯（Walter Gropius）和康拉德·瓦克斯曼（Konrad Wachsmann）在美国研究出工业化住宅，推出了组装式住宅（Packaged House），这种住宅的特点是可采用通用性标准件并改进了连接构件。

世界上第一座以玻璃与铁架构筑的大型轻质建筑——英国伦敦水晶宫，成就了第一届世博会。其设计者为英国园艺师帕克斯顿（Paxton）。整个建筑高三层，主体为铁结构，外墙与屋面均为玻璃，通体透明，宽敞明亮，故名水晶宫。水晶宫总面积为7.4万 m^2，建筑物总长度达到564 m（1 851 ft），象征1851年建造，宽度为124.4 m，共有5跨，以2.44 m为一个单位（因为当时玻璃长度为1.22 m，故以此尺寸作为模数）。其外形为一个简单的阶梯形长方体，并有一个拱顶，各面只呈现出铁架与玻璃，没有任何多余的装饰，完全体现了工业生产的机械特色。在整座建筑中，只用了铁、木、玻璃三种材料，共用铁柱3 300根，铁梁2 300根，玻璃9.3万 m^2，施工期为1850年8月到1851年5月，总共不到9个月时间。

图1-1　英国伦敦水晶宫

2. 持续发展阶段

20世纪60年代初到80年代初，我国装配式混凝土建筑进入了持续发展阶段，多种装配式建筑体系得到了快速发展。其原因有以下几个。

（1）当时各类建筑标准不高，形式单一，易于采用标准化方式建造。

（2）当时的房屋建筑抗震性能要求不高。

（3）当时的建筑行业建设总量不大，预制构件厂的供应能力可满足建设要求。

（4）当时资源相对匮乏，木模板、支撑体系和建筑用钢筋短缺。

（5）在计划经济体制下施工企业采用固定用工制,预制装配式施工方式可减少现场劳动力投入。

3. 低潮阶段

1976 年我国遭遇了唐山大地震。在地震中预制装配式房屋破坏严重,其结构整体性、抗震性差的缺点暴露无遗。加之随着我国经济的发展,建筑业建设规模急剧扩大,建筑设计也呈现出个性化、多样化的特点,而当时的装配式生产和施工能力无法满足新形势的要求。我国装配式混凝土建筑在 20 世纪 80 年代遭遇低潮,发展近乎停滞。后来随着农民工大量进入城镇,劳动力成本降低,加之各类模板、脚手架的普及以及商品混凝土的广泛应用,现浇混凝土结构施工技术得到了广泛的应用。

4. 新发展阶段

如今,随着改革开放的深化和我国经济的快速发展,劳动力出现短缺,在节能环保的时代要求下,建筑行业与其他行业一样都在进行工业化技术改造,预制装配式建筑又开始焕发出新的生机。

2017 年 11 月,住房与城乡建设部分别认定了 30 个城市和 195 家企业为第一批装配式建筑示范城市和产业基地。示范城市分布在东、中、西部,装配式建筑发展各具特色;产业基地涉及 27 个省、自治区、直辖市和部分央企,产业类型涵盖设计、生产、施工、装备制造、运行维护等全产业链。在试点示范的引领带动下,装配式建筑已经形成了在全国推进的格局。

习近平总书记在十九大报告中全面阐述了加快生态文明体制改革、推进绿色发展、建设美丽中国的战略部署。十九大报告明确指出,我们要建设的现代化是人与自然和谐共生的现代化,既要创造更多物质财富和精神财富以满足人民日益增长的美好生活需要,也要提供更多优质生态产品以满足人民日益增长的优美生态环境需要。十九大报告为未来中国推进生态文明建设和绿色发展指明了方向。

建筑产业化对于住房和城乡建设领域的可持续发展具有革命性、根本性和全局性等重要意义。

（1）革命性:建筑产业化是生产方式的变革,是传统生产方式向现代工业化生产方式转变的过程。

（2）根本性:建筑产业化是解决建筑工程质量、安全、效率、效益、节能、环保、低碳等一系列重大问题的根本途径;是解决房屋建造过程中设计、生产、施工、管理之间相互脱节,生产方式落后问题的有效途径;是适应当前建筑业劳动力成本提高、劳动力和技术工人短缺等新情况以及提高建筑工人素质的必然选择。

（3）全局性:建筑产业化是推动我国建筑业以及住房和城乡建设领域转型升级,实现国家新型城镇化发展、节能减排战略的重要举措。

1.3 装配式建筑的政策及标准

1.3.1 装配式建筑的政策

北京市提出,到 2020 年,实现装配式建筑占新建建筑面积的比例达到 30% 以上。为保证目标实现,北京市出台相关政策,对于不在实施范围内的非政府投资项目,凡自愿采用装配式建筑并符合实施标准的,给予实施项目不超过 3% 的面积奖励;对于实施范围内的预制率达到 50% 以上、装配率达到 70% 以上的非政府投资项目予以财政奖励。

《上海市装配式建筑 2016—2020 年发展规划》提出,"十三五"期间,上海市全市装配式建筑的单体预制率达到 40% 以上或装配率达到 60% 以上。外环线以内采用装配式建筑的新建商品住宅、公租房和廉租房项目 100% 采用全装修。

天津市要求,2018—2020 年,新建的公共建筑具备条件的应全部采用装配式建筑,中心城区、滨海新区核心区和中新生态城商品住宅应全部采用装配式建筑,采用装配式建筑的保障性住房和商品住房全装修比例达到 100%;2021—2025 年,全市范围内国有建设用地新建项目具备条件的全部采用装配式建筑。

广东省确定目标,到 2025 年前,珠三角城市群装配式建筑占新建建筑面积的比例达到 35% 以上,其中政府投资工程的装配式建筑面积占比达到 70% 以上;常住人口超过 300 万的粤东西北地区地级市中心城区,装配式建筑占新建建筑面积的比例达到 30% 以上,其中政府投资工程的装配式建筑面积占比达到 50% 以上;全省其他地区装配式建筑占新建建筑面积的比例达到 20% 以上,其中政府投资工程的装配式建筑面积占比达到 50% 以上。对于装配式建筑项目,广东省政府优先安排用地计划指标,对增值税实施"即征即退"的优惠政策,落实适当的资金补助并优先给予信贷支持。

湖北省要求,到 2025 年,全省装配式建筑占新建建筑面积的比例达到 30% 以上,并对装配式建筑落实配套资金补贴、容积率奖励、商品住宅预售许可、降低预售资金监管比例等激励政策措施。

江苏省提出,到 2025 年末,建筑产业现代化建造方式成为主要建造方式,全省建筑产业现代化施工的建筑面积占同期新开工建筑面积的比例、新建建筑装配化率均达到 50% 以上,装饰装修装配化率达到 60% 以上。对于装配式建筑项目,政府给予财政扶持政策,提供相应的税收优惠,优先安排用地指标,并给予容积率奖励。

辽宁省要求,到 2025 年底,全省装配式建筑占新建建筑面积的比例力争达到 35% 以上,其中沈阳市力争达到 50% 以上,大连市力争达到 40% 以上,其他城市力争达到 30% 以上。辽宁省对装配式建筑项目给予财政补贴、增值税"即征即退"优惠,优先保障装配式建筑部品部件生产基地(园区)、项目建设用地,允许不超过规划总面积的 5% 不计入成交地块的容积率核算。

1.3.2 装配式建筑标准简介

装配式建筑的国家级、部级规范、规程及图集见表 1-1。

表 1-1　装配式建筑的国家级、部级规范、规程及图集

标准名称	主编单位	实施日期	备注
《混凝土结构设计规范》(GB 50010—2010)	中国建筑科学研究院	2011/7/1	
《水工混凝土结构设计规范》(SL 191—2008)	水利部长江水利委员会长江勘测规划设计研究院	2009/2/10	
《叠合板用预应力混凝土底板》(GB/T 16727—2007)	中国建筑标准设计研究所	2008/2/1	
《钢筋混凝土装配整体式框架节点与连接设计规程》(CECS 43—1992)	北京市建筑设计研究院	1992/11/9	中国工程建设标准化协会标准
《整体预应力装配式板柱结构技术规程》(CECS 52—2010)	北京中建建筑科学研究院有限公司四川省建筑科学研究院	2011/3/1	中国工程建设标准化协会标准
《预制混凝土楼梯》(JG/T 562—2018)	中国建筑标准设计研究院有限公司	2018/12/1	
《装配式混凝土结构技术规程》(JGJ 1—2014)	中国建筑标准设计研究院中国建筑科学研究院	2014/10/1	
《装配式建筑评价标准》(GB/T 51129—2017)	住房和城乡建设部科技与产业化发展中心	2018/2/1	
《预制预应力混凝土装配整体式框架结构技术规程》(JGJ 224—2010)	南京大地建设集团有限责任公司启东建筑集团有限公司	2011/10/1	

装配式建筑的相关地方标准、规范及图集见表 1-2。

表 1-2　装配式建筑的相关地方标准、规范及图集

标准名称	主编单位	实施日期	备注
《预制装配整体式钢筋混凝土结构技术规范》(SJG 18—2009)	万科企业股份有限公司深圳泛华工程集团有限公司	2009/11/1	
《装配整体式混凝土居住建筑设计规程》(DG/TJ 08—2071—2016)	同济大学	2016/12/1	节点部分大量借鉴 CECS 43—1992
《装配整体式混凝土结构预制构件制作与质量检验规程》(DGJ 08—2069—2016)	上海建工集团股份有限公司上海市建筑科学研究院(集团)有限公司	2016/12/1	
《装配整体式混凝土结构施工及质量验收规范》(DGJ 08—2117—2012)	上海市建设工程安全质量监督总站上海建工集团股份有限公司上海城建(集团)公司	2013/3/1	

续表

标准名称	主编单位	实施日期	备注
《装配式剪力墙住宅建筑设计规程》 （DB11/T 970—2013）	北京市建筑设计研究院有限公司 北京市住房和城乡建设委员会科技 促进中心	2013/7/1	
《装配整体式混凝土结构技术规程(暂行)》 （DB21/T 1868—2010）	沈阳建筑大学 沈阳兆寰现代建筑产业园有限公司	2011/2/1	
《装配整体式剪力墙结构设计规程(暂行)》 （DB21/T 2000—2012）	沈阳建筑大学	2012/8/9	
《装配式混凝土结构构件制作、施工与验收规程》 （DB21/T 2568—2020）	沈阳建筑大学 中建铁路投资建设集团有限公司	2020/6/30	
《装配整体式混凝土结构工程预制构件制作与验收 规程 》（DB37/T 5020—2014）	山东省建设发展研究院	2014/10/1	
《预制钢筋混凝土板式楼梯图集》 （图集号：川03G311）	四川省建筑设计院	2004/10/1	
《装配式混凝土结构表示方法及示例(剪力墙结构)》 （15G107—1）	北京万科企业有限公司 中国建筑标准设计研究院有限公司	2015/3/1	
《预制混凝土剪力墙外墙板》（15G365—1）	中国建筑标准设计研究院有限公司	2015/3/1	
《预制混凝土剪力墙内墙板》（15G365—2）	中国建筑标准设计研究院有限公司	2015/3/1	
《桁架钢筋混凝土叠合板》（15G366—1）	南京长江都市建筑设计股份有限公司 中国建筑标准设计研究院有限公司	2015/3/1	
《预制钢筋混凝土板式楼梯》（15G367—1）	南京长江都市建筑设计股份有限公司 中国建筑标准设计研究院有限公司	2015/3/1	

1.3.3 装配式建筑评价标准概述

装配式建筑的装配化程度用装配率来衡量。装配率是指单体建筑室外地坪以上的主体结构、围护墙和内隔墙、装修和设备管线等采用预制部品部件的综合比例。装配率的衡量指标相应包括装配式建筑的主体结构、围护墙和内隔墙、装修和设备管线等部分的装配比例。

1.评价的单元

装配式建筑的装配率计算和装配式建筑的等级评价应以单体建筑作为计算和评价单元，并应符合下列规定：

（1）单体建筑应按项目规划批准文件的建筑编号确认；

（2）建筑由主楼和裙房组成时，主楼和裙房可按不同的单体建筑进行计算和评价；

（3）单体建筑的层数不大于3层，且地上建筑面积不超过500 m² 时，可由多个单体建筑组成建筑组团作为计算和评价单元。

2.评价的分类

为保证装配式建筑的评价质量和效果，切实发挥评价工作的指导作用，装配式建筑评价分为预评价和项目评价，并应符合下列规定。

（1）设计阶段宜进行预评价，并应按设计文件计算装配率。预评价的主要目的是促进装配式建筑设计理念尽早融入项目实施中。如果预评价结果满足控制项要求，评价项目可结合预评价过程中发现的不足，通过调整和优化设计方案进一步提高装配化水平；如果预评价结果不满足控制项要求，评价项目应调整和修改设计方案以满足要求。

（2）项目评价应在项目竣工验收后进行，并应按竣工验收资料计算装配率和确定评价等级。评价项目应通过工程竣工验收后再进行项目评价，并以此评价结果作为项目最终评价结果。

3. 认定评价标准

装配式建筑应同时满足下列四项要求。

（1）主体结构部分的评价分值不低于 20 分。主体结构包括柱、支撑、承重墙、延性墙板等竖向构件以及梁、板、楼梯、阳台、空调板等水平构件。这些构件是建筑物主要的受力构件，对建筑物的结构安全起决定性作用。推进主体结构的装配化对于发展装配式建筑有着非常重要的意义。

（2）围护墙和内隔墙部分的评价分值不低于 10 分。新型建筑墙体的应用对提高建筑质量和品质、改变建造方式等都具有重要意义。积极引导和逐步推广使用新型建筑墙体是装配式建筑的重点工作。非砌筑是新型建筑墙体的共同特征之一。将围护墙和内隔墙采用非砌筑类型墙体作为装配式建筑评价的控制项，也是为了推动其更好地发展。

（3）采用全装修。全装修是指建筑功能空间的固定面装修和设备设施安装全部完成，达到建筑使用功能和建筑性能的基本要求。发展建筑全装修是实现建筑标准提升的重要内容之一。不同建筑类型的全装修内容和要求可能是不同的。对于居住、教育、医疗等建筑类型，在设计阶段即可明确建筑功能空间对使用和性能的要求及标准，应在建造阶段实施全装修。对于办公、商业等建筑类型，其建筑的部分功能空间对使用和性能的要求及标准等需要根据承租方的要求确定，故应在建筑公共区域等非承租部分实施全装修，并对实施"二次装修"的方式、范围、内容等做出明确规定，评价可结合两部分内容进行。

（4）装配率不低于 50%。

此外，装配式建筑宜采用装配化装修。装配化装修是将工厂生产的部品部件在现场进行组合安装的装修方式，主要包括采用干式工法装配完成楼面地面、集成厨房、集成卫生间、管线分离等。

集成厨房是指地面、吊顶、墙面、橱柜、厨房设备及管线等通过集成设计、工厂生产，在工地主要采用干式工法装配完成的厨房。集成厨房多指居住建筑中的厨房。集成卫生间是指地面、吊顶、墙面、洁具设备及管线等通过集成设计、工厂生产，在工地主要采用干式工法装配完成的卫生间。集成卫生间充分考虑卫生间空间的多样组合或分隔，包括多器具的集成卫生间产品和仅有洗面、洗浴或便溺等单一功能模块的集成卫生间产品。集成厨房和集成卫生间是装配式建筑装饰装修的重要组成部分，其设计应遵循标准化、系列化原则并符合干式工法施工的要求，在制作和加工阶段全部实现装配化。

装配率计算方法如下。

① 装配率。装配率应根据表 1-3 中的评价项得分值按下式计算：

$$P = \frac{Q_1 + Q_2 + Q_3}{1 - Q_4} \times 100\% \qquad (1\text{-}1)$$

式中：P——装配率；

　　　Q_1——主体结构指标实际得分值；

　　　Q_2——围护墙和内隔墙指标实际得分值；

　　　Q_3——装修和设备管线指标实际得分值；

　　　Q_4——评价项中缺少的评价项分值总和。

表 1-3　装配式建筑评分表

评价项		评价要求	评价分值	最低分值
主体结构 （50分）	柱、支撑、承重墙、延性墙板等竖向构件	35% ≤ 比例 ≤ 80%	20~30	20
	梁、板、楼梯、阳台、空调板等构件	70% ≤ 比例 ≤ 80%	10~20	
围护墙和内隔墙 （20分）	非承重围护墙非砌筑	比例 ≥ 80%	5	10
	围护墙与保温、隔热、装饰一体化	50% ≤ 比例 ≤ 80%	2~5	
	内隔墙非砌筑	比例 ≥ 50%	5	
	内隔墙与管线、装修一体化	50% ≤ 比例 ≤ 80%	2~5	
装修和设备管线 （30分）	全装修	—	6	6
	干式工法楼面、地面	比例 ≥ 70%	6	—
	集成厨房	70% ≤ 比例 ≤ 90%	3~6	
	集成卫生间	70% ≤ 比例 ≤ 90%	3~6	
	管线分离	50% ≤ 比例 ≤ 70%	4~6	

② 柱、支撑、承重墙、延性墙板等主体结构竖向构件中预制部品部件的应用比例。

柱、支撑、承重墙、延性墙板等主体结构竖向构件主要采用混凝土材料时，预制部品部件的应用比例应按下式计算：

$$q_{1a} = \frac{V_{1a}}{V} \times 100\% \qquad (1\text{-}2)$$

式中：q_{1a}——柱、支撑、承重墙、延性墙板等主体结构竖向构件中预制部品部件的应用比例；

　　　V_{1a}——柱、支撑、承重墙、延性墙板等主体结构竖向构件中预制混凝土体积之和；

　　　V——柱、支撑、承重墙、延性墙板等主体结构竖向构件混凝土总体积。

当符合下列规定时，主体结构竖向构件间连接部分的后浇混凝土可计入预制混凝土体积计算：

a. 预制剪力墙板之间宽度不大于 600 mm 的竖向现浇段和高度不大于 300 mm 的水平后浇带、圈梁的后浇混凝土体积；

b. 预制框架柱和框架梁之间柱梁节点的后浇混凝土体积；

c. 预制柱间高度不大于柱截面较小尺寸的连接区后浇混凝土体积。

③ 梁、板、楼梯、阳台、空调板等构件中预制部分部件的应用比例。

梁、板、楼梯、阳台、空调板等构件中预制部品部件的应用比例应按下式计算：

$$q_{1b} = \frac{A_{1b}}{A} \times 100\% \tag{1-3}$$

式中：q_{1b}——梁、板、楼梯、阳台、空调板等构件中预制部品部件的应用比例；

A_{1b}——各楼层中预制装配梁、板、楼梯、阳台、空调板等构件的水平投影面积之和；

A——各楼层建筑平面总面积。

预制装配式楼板、屋面板的水平投影面积可包括：

a. 预制装配式叠合楼板、屋面板的水平投影面积；

b. 预制构件间宽度不大于 300 mm 的后浇混凝土带水平投影面积；

c. 金属楼承板和屋面板、木楼盖和屋盖及其他在施工现场免支模的楼盖和屋盖的水平投影面积。

④非承重围护墙中非砌筑墙体的应用比例。

非承重围护墙中非砌筑墙体的应用比例应按下式计算：

$$q_{2a} = \frac{A_{2a}}{A_{w1}} \times 100\% \tag{1-4}$$

式中：q_{2a}——非承重围护墙中非砌筑墙体的应用比例；

A_{2a}——各楼层非承重围护墙中非砌筑墙体的外表面积之和，计算时可不扣除门、窗及预留洞口等的面积；

A_{w1}——各楼层非承重围护墙外表面总面积，计算时可不扣除门、窗及预留洞口等的面积。

⑤围护墙采用墙体、保温、隔热、装饰一体化的应用比例。

围护墙采用墙体、保温、隔热、装饰一体化的应用比例应按下式计算：

$$q_{2b} = \frac{A_{2b}}{A_{w2}} \times 100\% \tag{1-5}$$

式中：q_{2b}——围护墙采用墙体、保温、隔热、装饰一体化的应用比例；

A_{2b}——各楼层围护墙采用墙体、保温、隔热、装饰一体化的墙面外表面积之和，计算时可不扣除门、窗及预留洞口等的面积；

A_{w2}——各楼层围护墙外表面总面积，计算时可不扣除门、窗及预留洞口等的面积。

⑥内隔墙中非砌筑墙体的应用比例。

内隔墙中非砌筑墙体的应用比例应按下式计算：

$$q_{2c} = \frac{A_{2c}}{A_{w3}} \times 100\% \tag{1-6}$$

式中：q_{2c}——内隔墙中非砌筑墙体的应用比例；

A_{2c}——各楼层内隔墙中非砌筑墙体的墙面面积之和，计算时可不扣除门、窗及预留洞口等的面积；

A_{w3}——各楼层内隔墙墙面总面积,计算时可不扣除门、窗及预留洞口等的面积。

⑦内隔墙采用墙体、管线、装修一体化的应用比例。

内隔墙采用墙体、管线、装修一体化的应用比例应按下式计算：

$$q_{2d} = \frac{A_{2d}}{A_{w3}} \times 100\%$$ （1-7）

式中：q_{2d}——内隔墙采用墙体、管线、装修一体化的应用比例；

A_{2d}——各楼层内隔墙采用墙体、管线、装修一体化的墙面面积之和,计算时可不扣除门、窗及预留洞口等的面积。

⑧干式工法楼面、地面的应用比例。

干式工法楼面、地面的应用比例应按下式计算：

$$q_{3a} = \frac{A_{3a}}{A} \times 100\%$$ （1-8）

式中：q_{3a}——干式工法楼面、地面的应用比例；

A_{3a}——各楼层采用干式工法楼面、地面的水平投影面积之和。

⑨集成厨房干式工法的应用比例。

集成厨房的橱柜和厨房设备等应全部安装到位,墙面、顶面和地面中干式工法的应用比例应按下式计算：

$$q_{3b} = \frac{A_{3b}}{A_k} \times 100\%$$ （1-9）

式中：q_{3b}——集成厨房干式工法的应用比例；

A_{3b}——各楼层厨房墙面、顶面和地面采用干式工法的面积之和；

A_k——各楼层厨房墙面、顶面和地面的总面积。

⑩集成卫生间干式工法的应用比例。

集成卫生间的洁具设备等应全部安装到位,墙面、顶面和地面中干式工法的应用比例应按下式计算：

$$q_{3c} = \frac{A_{3c}}{A_b} \times 100\%$$ （1-10）

式中：q_{3c}——集成卫生间干式工法的应用比例；

A_{3c}——各楼层卫生间墙面、顶面和地面采用干式工法的面积之和；

A_b——各楼层卫生间墙面、顶面和地面的总面积。

⑪ 管线分离比例。

管线分离比例应按下式计算：

$$q_{3d} = \frac{L_{3d}}{L} \times 100\%$$ （1-11）

式中：q_{3d}——管线分离比例；

L_{3d}——各楼层管线分离的长度,包括裸露于室内空间以及敷设在地面架空层、非承重墙体空腔和吊顶内的电气、给水排水和采暖管线长度之和；

L——各楼层电气、给水排水和采暖管线的总长度。

4. 评价等级划分

当评价项目满足本节"认定评价标准"中提到的四项要求且主体结构竖向构件中预制部品部件的应用比例不低于 35% 时,可进行装配式建筑等级评价。

装配式建筑评价等级划分为 A 级、AA 级、AAA 级,并应符合下列规定:

(1)装配率为 60%~75% 时,评价为 A 级装配式建筑;

(2)装配率为 76%~90% 时,评价为 AA 级装配式建筑;

(3)装配率为 91% 及以上时,评价为 AAA 级装配式建筑。

本节介绍的装配式建筑评价标准适用于民用建筑的装配化程度评价,工业建筑的装配化程度评价可参照执行。这里提到的民用建筑包括居住建筑和公共建筑。装配式建筑评价除符合本节介绍的标准外,尚应符合国家现行有关标准的规定。

1.4　国内外装配式建筑简介

1.4.1　美国伊斯顿市政厅项目

该综合体由两座建筑组成,一座 3 层高的混合市民大楼和一座 3 层的停车库(图 1-2)。主体建筑的顶部两层布置了伊斯顿市政府,底层则布置了租赁零售店以及区域交通枢纽。建筑结构和表皮所用的材料是 Slaw Precast 供应的预制混凝土板,板的表面仿造殖民时期砌筑接缝的纹理。

图 1-2　美国伊斯顿市政厅

1.4.2　中国南极长城站项目

中国南极长城站于 1985 年建成,为装配式钢结构,采用聚氨酯复合板、快凝混凝土等新材料、新工艺和便于运输、施工的集成方法,由赛博思总设计师卞宗舒完成建筑、结构和施工组织设计(图 1-3)。

图 1-3　中国南极长城站

1.4.3　湖州喜来登温泉度假酒店项目

湖州喜来登温泉度假酒店又名"月亮酒店",位于湖州市南太湖旅游度假区核心板块,是一座高 100 m、宽 116 m 的指环形装配式轻钢建筑(图 1-4),总建筑面积为 75 000 m²,是中国第一个集生态观光、休闲度假、高端会议、美食文化、经典购物、动感娱乐体验于一体的水上白金七星级度假酒店,由美国 MAD 建筑师事务所、世界知名建筑大师马岩松先生主创设计。其指环形外形可谓国际首创、中国唯一。2010 年 2 月,经国家知识产权局批准,湖州喜来登温泉度假酒店获外观设计专利证书。该项目是浙江湖州"世界第九湾"的标志性建筑。

图 1-4　湖州喜来登温泉度假酒店

1.4.4 北京万科金域缇香项目

作为万科携手首创、住总两大房企联合打造的京西南五环高人气品质项目,北京万科金域缇香(图1-5)在建设过程中引入万科工业化住宅建造工艺,采用预制的楼梯、叠合板、隔墙板等,在解决建筑结构精度、渗漏、开裂等质量问题的同时,提高了建筑的隔声、保温、防火性能,降低了资源消耗,还提高了住宅的工程质量、功能质量和环境质量,实现了可持续发展的住宅建设模式。同时,项目还引进日本的防震、抗震技术,让建筑拥有更好的抗震性能。

图1-5 北京万科金域缇香

1.4.5 太原泰瑞城项目

本项目位于太原市,净规划用地面积为64 748.03 m²,分两个标段建设。项目共建设四栋建筑单体,计划居住总户数为928户,整体预制化率达到35%以上,装配率达到67.4%以上,是山西省首个装配整体式剪力墙结构建设项目(图1-6)。

项目组织施工的五大理念是"智慧、生态、创新、教育、党建"。项目运用智能数字化管理、BIM技术等建造智慧型工地;将施工管理与技术创新、知识创新、管理创新等相融合,打造创新型工地;通过内部教育、实训基地、邀请指导等方法打造教育型工地。

本项目地上五层及以上采用的技术为装配整体式混凝土剪力墙结构体系及灌浆套筒体系,该体系有如下优点:技术成熟可靠、实用性好;质量稳定,便于现场操作,施工效率较高;能保证结构具有较好的整体性。

图 1-6 太原泰瑞城

1.4.6 深圳万科第五园公寓楼项目

深圳万科第五园公寓楼(图 1-7)位于深圳市龙岗区梅观高速公路与布龙路交会处,总建筑面积约为 14 800 m²,分 A、B 两种户型,分别为 42.11 m² 及 86.35 m²,是万科首次使用产品开发流程进行工业化住宅产品开发的项目。

图 1-7 深圳万科第五园公寓楼

思考题

1. 简述装配式建筑的概念和特点。
2. 我国装配式混凝土建筑的发展经历了怎样的历程？
3. 装配式建筑如何划分评价等级？

拓展题

列举国内外装配式建筑。（本章介绍的除外）

第2章 装配式混凝土结构施工准备

知识目标

掌握装配式混凝土结构施工准备的内容和要求。

能力目标

学生通过学习可以初步编制装配式混凝土结构施工准备阶段的技术方案,并依据施工要求及时合理地调整施工方案。

装配式混凝土结构(Precast Concrete,简称 PC 结构)是指以预制构件为主要受力构件,经装配、连接而成的混凝土结构,是将各种钢筋混凝土预制构件用机械进行安装并按设计要求进行装配的一种结构形式。装配式混凝土结构产业化程度高,节约资源且绿色环保。

预制构件自动化
生产线演示

2.1 预制钢筋混凝土构件制作

预制钢筋混凝土构件的制作过程包括模板的制作与安装,钢筋的制作与安装,混凝土的制备与运输,构件的浇筑、振捣和养护,脱模与堆放等。

2.1.1 制作工艺分类

根据生产过程中预制构件成型和养护的不同特点,预制构件制作工艺可分为台座法、机组流水法和传送带法三种。

1. 台座法

台座是表面光滑平整的混凝土地坪、胎模或混凝土槽。构件的成型、养护、脱模等生产过程都在台座上进行。在整个生产过程中,构件固定在一个地方,而操作人员和生产机具则从一个构件移至另一个构件来完成各个生产过程。

用台座法生产构件,设备简单,投资少,但占地面积大,机械化程度较低,生产受气候影响大。

2. 机组流水法

机组流水法是根据生产工艺的要求将整个车间划分为几个工段,每个工段皆配备相应的工人和机具设备,构件的成型、养护、脱模等生产过程分别在有关的工段循序完成。生产时,构件连同模板沿着工艺流水线,借助起重运输设备,从一个工段移至下一个工段,分别完成各个有关的生产过程。操作人员的工作地点是固定的,构件连同模板在各工段停留的时间长短可以不同。

机组流水法的生产效率比台座法高,机械化程度较高,占地面积小,但建厂投资大,生产过程中运输量大,宜于生产定型的中小型构件。

3. 传送带法

传送带法是模板在一条封闭的环形传送带上移动,各个生产过程都在沿传送带循序分布的各个工作区中进行。生产时,模板沿着传送带有节奏地从一个工作区移至下一个工作区,而各个工作区要求在相同的时间内完成各自的生产过程,保证有节奏地连续生产。

传送带法是较先进的工艺方案,生产效率高,机械自动化程度高,但设备复杂,投资大,适用于大型预制厂大批量生产定型构件。

2.1.2 预制构件成型

预制构件成型常用的振捣方法有振动法、挤压法、离心法和真空作业法等。下面简单介绍前三种成型振捣方法。

1. 振动法

用台座法制作构件,使用插入式振动器和表面振动器振捣。用机组流水法和传送带法制作构件,则用振动台振实。振动台是一个支承在弹性支座上的用型钢焊成的框架平台,平台下装设偏心块构成振动机构。振动时,须将模板牢固地固定在振动台上,否则,模板的振幅和频率将小于振动台的振幅和频率。利用电磁块固定模板最方便。

在振动成型过程中,如果同时在构件上面施加一定压力,则可加速振捣过程,提高振捣效果,使构件表面光滑,这种方法叫振动加压法。压力的数值取决于混凝土的干硬度,常用压力为 1~2 kN/m²。

2. 挤压法

用螺旋挤压成型机(简称"挤压机")生产预应力混凝土圆孔板,其工艺日趋完善,挤压机已定型。挤压机工作原理:用旋转绞刀把从料斗漏下的混凝土向后挤送,在挤送过程中,混凝土由于受到振动器的振动和已成型的混凝土空心板的阻力(反作用力)而被挤压密实,挤压机也在反作用力的作用下沿着与挤压方向相反的方向被推动前进,在挤压机后面即形成一条连续的预应力混凝土空心板带。用挤压法连续生产空心板有两种切断方法:一种是在混凝土达到可以放松预应力筋的强度时,用钢筋混凝土切割机整体切断;另一种是在混凝土初凝前用灰铲手工操作或用气割法、水冲法把混凝土切断。

3. 离心法

离心法是将装有混凝土的模板放在离心机上,使模板以一定转速绕自身的纵轴旋转,模板内的混凝土由于离心力作用而远离纵轴,均匀分布于模板内壁,并将混凝土中的部分水分挤出,使混凝土密实。离心法一般用于管道、电杆、桩等圆形空腔构件的制作。

2.1.3 　预制构件养护

目前,预制构件的养护方法有自然养护、蒸汽养护、热拌混凝土热模养护、太阳能养护、远红外线养护等。自然养护成本低,简单易行,但养护时间长,模板周转率低,占用场地大,我国南方地区的台座法生产多用自然养护。蒸汽养护可缩短养护时间,模板周转率相应提高,占用场地大大减小。

蒸汽养护是将构件放置在有饱和蒸汽或蒸汽与空气混合物的养护室内,在较高温度和湿度的环境中进行养护,以加速混凝土硬化,使之在较短的时间内达到规定的强度标准值。

蒸汽养护的过程可分为静停、升温、恒温、降温等四个阶段。

(1)静停阶段:静停是指混凝土构件成型后在室温下停放养护,防止构件表面疏松、产生裂缝,时间为 2~6 h。

(2)升温阶段:升温阶段升温速度不宜过快,以免构件表面和内部产生过大的温差而出现裂纹。薄壁构件(如多肋楼板、多孔楼板等)升温时,每小时不得超过 25 ℃;其他构件不得超过 20 ℃;用于硬性混凝土制作的构件,不得超过 40 ℃。

(3)恒温阶段:在恒温阶段混凝土强度增长快,应保持 90%~100% 的相对湿度;最高温度一般不宜超过 95 ℃,时间为 3~8 h。

(4)降温阶段:降温阶段应控制降温速度,不宜过快,在一般情况下,以每小时不超过 10 ℃为宜;出池后,构件表面与外界温差不得大于 20 ℃。

2.2 施工准备

2.2.1 技术准备

技术准备是施工准备的核心。由于任何技术的差错或隐患都可能引起人身安全和质量事故,造成生命、财产和经济的巨大损失,因此必须认真地做好技术准备工作。具体内容如下。

1. 熟悉、审查施工图纸和有关的设计资料

建筑设计图纸是施工企业进行施工活动的主要依据,图纸会审是技术管理的一个重要方面,熟悉图纸、掌握图纸内容、明确工程特点和各项技术要求、理解设计意图,是确保工程质量和工程顺利进行的重要前提。

图纸会审是由设计、施工、监理单位以及有关部门参加的图纸审查会,其目的有两个:一是使施工单位和参建单位熟悉设计图纸,了解工程特点和设计意图,找出需要解决的技术难题并制定解决方案;二是解决图纸中存在的问题,减少图纸错误,使设计经济合理、符合实际,以利于施工顺利进行。

图纸会审通常先由设计单位进行交底,内容包括设计意图,生产工艺流程,建筑结构造型,采用的标准和构件,建筑材料的性能要求,对施工程序、方法的建议和要求以及工程质量标准与特殊要求等。

然后,由施工单位(包括建设、监理单位)提出在图纸自审中发现的技术差错和图面上的问题,如工程结构是否经济、合理、实用,对设计图纸中不合理的地方提出改进建议。各专业图纸各部分的尺寸、标高是否一致,结构、设备、水电安装之间以及各种管线之间有无矛盾,会审时要细致、认真地做好记录。会审时施工单位等提出的问题由设计单位解答,整理出"图纸会审记录",由建设、设计、施工和监理单位共同会签,"图纸会审记录"作为施工图纸的补充和施工的依据。不能立刻解决的问题,会后由设计单位发设计修改图或设计变更通知单。

项目技术负责人组织各专业技术人员认真学习设计图纸,领会设计意图,做好图纸会审前的图纸自审,图纸自审一般采用先粗后精、先建筑后结构、先大后细、先主体后装修、先一般后特殊的方法。在自审图纸时,还应注意:一是图样与说明要结合看,要仔细看设计说明和每张图纸中的细部说明,注意说明与图面是否一致,说明问题是否清楚、明确,说明中的要求是否切实可行;二是土建图与安装图要结合看,要对照土建和机、电、水等图纸,核对土建、安装之间有无矛盾,预埋构件、预留孔洞的位置、尺寸和标高是否相符等,并提前将自审意见集中整理成书面汇总材料。

装配式结构的图纸会审重点关注以下几方面。

（1）装配式结构体系的选择和创新应该得到专家论证,深化设计图应该符合专家论证的结论。

（2）装配式结构与常规结构的转换层,其固定墙部分需与预制墙板灌浆套筒对接的预埋钢筋的长度和位置相符。

（3）墙板间边缘构件竖缝主筋的连接和箍筋的封闭,后浇混凝土部分的粗糙面和键槽,后浇混凝土部分的钢筋、模板、混凝土浇筑技术交底。

（4）预制墙板之间上部叠合梁对接节点部位的钢筋（包括锚固板）搭接是否存在矛盾。

（5）外挂墙板的外挂节点做法、板缝防水和封闭做法。

（6）水、电线、管盒的预埋、预留,预制墙板内预埋管线与现浇楼板的预埋管线的衔接。

（7）构件装卸车及构件场内运输技术交底。

（8）柱、梁、墙吊装、校正、固定技术交底和后浇混凝土部位模板支设技术交底。

（9）灌浆工程技术交底。

（10）阳台、挑台、叠合楼板、楼梯吊装、校正、固定技术交底。

（11）水平构件及竖向构件支撑系统施工技术交底。

（12）支撑系统拆除技术交底。

（13）安全设施设置技术交底。

2. 原始资料的调查分析

略。

3. 编制施工组织设计

在施工开始前由项目工程师召集各相关岗位人员汇总、讨论图纸问题,设计交底时,切实解决疑难和现场碰到的图纸施工矛盾,切实加强与建设单位、设计单位、预制构件加工制作单位、施工单位以及相关单位的联系,要向工人和其他施工人员做好技术交底,按照三级技术交底程序要求,逐级进行技术交底,特别是对不同技术工种的针对性交底,每次设计交底后要切实加强落实。施工组织设计的基本内容应包括以下几项。

（1）编制依据。编制依据包括指导安装所必需的施工图（包括构件拆分图和构件布置图）和相关的国家标准、行业标准、部颁标准、省和地方标准及强制性条文、企业标准。

（2）工程概况。

①工程总体简介:工程名称、地址,建筑规模和施工范围,建设单位,设计单位,监理单位,质量和安全目标。

②工程设计结构和建筑特点:结构安全等级、抗震等级、地质水文条件、地基与基础结构以及消防、保温等要求。同时要重点说明装配式结构体系的形式和工艺特点,对工程难点和关键部位要有清晰的预判。

③工程环境特征:场地供水、供电、排水情况;与装配式结构紧密相关的气候条件,如雨、雪、风的特点;对构件运输影响大的道路、桥梁情况。

（3）施工部署。合理划分流水施工段是保证装配式结构工程施工质量和进度以及高效进行现场施工管理的前提条件。装配式混凝土结构工程一般以一个单元为一个施工段,从每栋建筑的中间单元开始流水施工。

对于装配式结构,应编制预制构件明细表。预制构件明细表的编制和流水施工段的划分为预制构件的生产计划安排、运输和吊装提供了非常重要的依据。

施工部署还应包括整体进度计划,如结构总体施工进度计划、构件生产计划、构件安装进度计划、分部和分项工程施工进度计划。预制构件运输计划包括车辆数量、运输路线、现场装卸方案、起重和安装计算。

(4)施工场地平面布置(图2-1至图2-3)。施工场地平面布置是在拟建工程的建筑平面(包括周围环境)上,布置为施工服务的各种临时建筑、临时设施及材料、施工机械、预制构件等,是施工方案在现场的空间体现。它对现场的施工组织、文明施工、施工进度、工程成本、工程质量和安全都将产生直接的影响。根据现场不同的施工阶段,施工场地总平面布置图可分为基础工程施工总平面图、装配式结构工程施工总平面图、装饰装修阶段工程施工总平面图。装配式结构工程施工总平面图的设计和管理应包括如下内容。

①施工总平面图的设计内容。

a. 项目施工用地范围内的地形状况。

b. 全部拟建建(构)筑物和其他基础设施的布置。

c. 项目施工用地范围内的构件堆放区、运输构件车辆装卸点、运输设施。

d. 供电、供水、供热设施与线路,排水、排污设施,临时施工道路。

e. 办公用房和生活用房。

f. 施工现场机械设备布置。

g. 现场常规的建筑材料及周转工具。

h. 现场加工区。

i. 必备的安全、消防、保卫和环保设施。

j. 相邻的地上、地下既有建(构)筑物及相关环境。

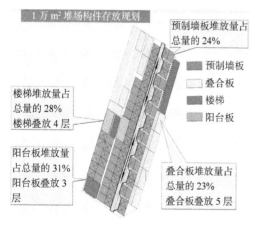

图2-1 场地预制构件布置规划图

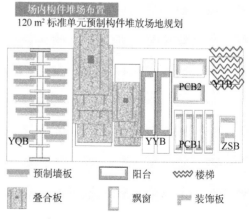

图2-2 场地预制构件堆场布置图

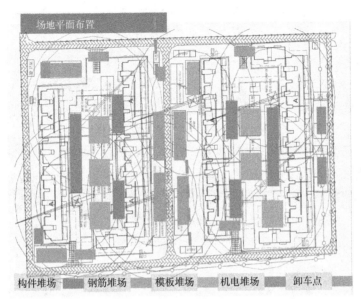

图 2-3 施工场地布置图

②施工总平面图的设计原则。

a. 平面布置科学、合理,减小施工现场的占用面积。

b. 合理规划预制构件堆放区域,减少二次搬运;构件堆放区域单独隔离设置,禁止无关人员进入。

c. 施工区域的划分和场地的临时占用应符合总体施工部署和施工流程的要求,减少相互干扰。

d. 充分利用既有建(构)筑物和既有设施为项目施工服务,减少临时设施的建造费用。

e. 临时设施应方便生产和生活,办公区、生活区、生产区宜分开设置。

f. 符合节能、环保、安全和消防等要求。

g. 遵守当地主管部门和建设单位对施工现场安全文明施工的相关规定。

③施工总平面图的设计要点。

a. 设置大门,引入场外道路。施工现场宜考虑设置两个以上大门。大门应考虑周边路网情况、道路转弯半径的坡度限制,大门的高度和宽度应满足大型运输构件车辆的通行要求。

b. 布置大型机械设备。布置塔式起重机时,应充分考虑其塔臂覆盖范围、端部吊装能力,单体预制构件的重量,预制构件的运输、堆放和装配式施工。

c. 布置构件堆场。构件堆场应满足施工流水段的装配要求,且应满足大型运输构件车辆、汽车式起重机的通行、装卸要求。为保证现场施工安全,构件堆场应设围挡,防止无关人员进入。

d. 布置运输构件车辆装卸点。装配式建筑施工构件采用大型运输车辆运输。车辆运输构件多、装卸时间长,因此,应合理地布置运输构件车辆装卸点,以免因车辆长时间停留而影响场内道路的畅通,阻碍现场其他工序的正常作业施工。装卸点应在塔式起重机或者起重设备的塔臂覆盖范围之内,且不宜设置在道路上。

（5）主要设备机具计划。

①场内水平运输设备。

a.场内转场运输设备。场内转场运输设备应根据现场的实际道路情况合理选择,若场地大可以选择拖板运输车(图2-4),若场地小可以选择拖拉机拉拖盘车(图2-5)。

b.转运架(图2-6)。转运架一般采用双面斜放形式,这种形式机动灵活,还可以作为临时存放架。此外还有可以垂直安放的货厢式转运架,这种转运架占用空间小、容量大。

c.翻板机(图2-7)。对于长度大于生产线宽度,运输时亦超高的竖向板,必须短边侧向翻板起模和运输,到达现场后必须采用翻板机将板旋转90°实现竖向吊装。

图2-4　拖板运输车

图2-5　拖拉机拉拖盘车

图2-6　转运架

图2-7　翻板机

②垂直起重设备。

根据装配式混凝土结构工程的施工要求,应合理选择并配备吊装设备;根据预制构件存放、安装和连接等的要求,应确定安装使用的机具方案,合理的方案可实现预制构件存放便利、吊装快捷、就位准确、安全可靠。

选择吊装主体结构预制构件的起重机械时,应注意的事项有:起重量、作业半径(最大半径和最小半径）、力矩应满足最大预制构件组装作业的要求,起重机械的最大重量不宜小于 10 t,塔式起重机应具有安装和拆卸空间,轮式或履带式起重设备应具有移动作业空间和拆卸空间,起重机械的升降速度应满足预制构件的安装和调整要求。

起重作业一般包括两种:一种是与主体结构有关的预制构件和模板、钢筋及临时构件的水平、垂直起重作业;另一种是设备管线、电线、设备机器及建筑材料、板类、楼板材料、砂浆、厨房配件等装修材料的水平、垂直起重作业。

常见的起重机械有汽车式起重机（图 2-8）、履带式起重机（图 2-9）、塔式起重机（图 2-10）和内爬式起重机（图 2-11）等。

图 2-8　汽车式起重机

图 2-9　履带式起重机

图 2-10　塔式起重机

图 2-11　内爬式起重机

（6）构件安装工艺:测量放线、节点施工、防水施工、成品保护及修补措施。

（7）施工安全:吊装安全措施、专项施工安全措施及应急预案。

（8）质量管理:构件安装的专项施工质量管理。

（9）绿色施工与环境保护措施。

2.2.2 物资准备

在施工前要将预制混凝土构件施工的相关物资准备好,以免在施工的过程中因为物资问题而影响施工进度和质量。物资准备工作通常按如下程序进行。

根据施工预算、分部(项)工程施工方法和施工进度的安排,拟订国拨材料、统配材料、地方材料、构(配)件及制品、施工机具和工艺设备等物资的需要量计划;根据各种物资的需要量计划,组织货源,确定加工、供应地点和供应方式,签订物资供应合同;根据各种物资的需要量计划和合同,拟订运输计划和运输方案;按照施工总平面图的要求,组织物资按计划时间进场,在指定地点,按规定方式进行储存或堆放。

除主料外,还要做好施工配套材料与配件的准备工作。常见的施工配套材料与配件如下。

（1）配套材料:灌浆料、坐浆料、钢筋连接套筒、密封胶条、耐候建筑密封胶、发泡聚氨酯保温材料、防火封堵材料、修补材料等。

（2）配件:橡胶塞、海绵条、双面胶带、各种规格的螺栓、安装节点金属连接件、垫片(包括塑料垫片、钢垫片、混凝土垫片)、模板加固夹具等。

2.2.3 劳动组织准备

在工程开工前组织好劳动力准备,建立拟建工程项目的领导机构,建立精干、有经验的施工队组,集结施工力量、组织劳动力进场,向施工队组、工人进行施工技术交底,同时建立健全各项管理制度。施工机构管理人员如表 2-1 所示。

表 2-1　施工机构管理人员

序号	姓名	担任职务	备注
1		项目总工程师	
2		项目经理	
3		生产经理	
4		项目资料员	
5		项目预算员	
6		项目总施工员	
7		项目安全员	
8		项目质检员	

序号	姓名	担任职务	备注
9		项目 PC 技术员	
10		施工班组组长	

2.2.4　场内外准备

1. 场内准备

施工现场做好"三通一平"（路通、水通、电通和平整场地）和搭建现场临时设施、预制混凝土构件堆场的准备,场内布置应考虑预制混凝土构件施工和预制混凝土构件单块构件最大重量的施工需求,确保满足每栋建筑预制混凝土构件的吊装距离要求、施工进度以及现场布置的要求。

2. 场外准备

场外做好随时与预制混凝土构件厂家和预制混凝土构件相关厂家沟通的准备,准确了解各个预制混凝土构件厂家的地址,准确掌握预制混凝土构件厂家与本项目的实地距离,以便更准确地联系预制混凝土构件厂家并告知其发送预制混凝土构件的时间,有助于整体施工的安排;实地确定各个预制混凝土构件厂家生产预制混凝土结构的类型,实地考察厂家的生产能力,根据不同厂家的实际情况,做出合理的整体施工计划、预制混凝土构件进场计划等,如了解施工现场实地情况,预制混凝土构件运输线路,现场道路宽度、厚度和转角等情况。

2.3　预制混凝土构件运输、堆场及成品保护

2.3.1　预制混凝土构件运输

预制混凝土构件应考虑垂直运输,因为这样既可以避免不必要的损坏,又能降低后期的施工难度。装车前先安装吊装架,将预制混凝土构件放置在吊装架上,然后将预制混凝土构件和吊装架采用软隔离固定在一起,保证预制混凝土构件在运输的过程中不出现不必要的损坏,保证施工现场运输道路(图 2-12)的畅通。

图 2-12 施工现场运输道路

预制混凝土阳台板、空调板、楼梯、设备平台等采用水平放置方式运输,放置时底部设置通长木条,并用绳索与运输车固定。水平运输预制构件可叠放,但叠放数量不得超过 6 块,且不得超过限高。

2.3.2 预制混凝土构件进场检验

(1)专业企业生产的预制构件进场时应提供产品合格证明书、混凝土强度检验报告、预制构件的钢筋和混凝土原材料检验报告等质量证明文件,对于进场时不进行结构性能检验的预制构件,质量证明文件还应包括预制构件生产过程的关键验收记录等。

(2)梁板类简支受弯预制构件进场时应按《混凝土结构工程施工质量验收规范》(GB 50204—2015)的规定进行结构性能检验。

(3)进场时不进行结构性能检验的预制构件,施工单位或监理单位代表应驻场监督生产过程。当无驻场监督时,预制构件进场时应对其主要受力钢筋的规格、间距、保护层及混凝土强度等进行实体检验。实体检验宜采用非破损方法,以不超过 1 000 个同类预制构件为一批,每批抽取构件数量的 2% 且不少于 5 个构件。

(4)预制构件进场时应对其外观质量、尺寸偏差(包括预留预埋规格及位置、接触面粗糙度、预留孔深度、截面尺寸)进行检验。

预制构件进场时的常见验收项目见表 2-2。

表 2-2 预制构件进场时的常见验收项目

	序号	项目名称	要求
土建	1	预制构件合格证书及验收记录	资料齐全
	2	外观质量	无开裂破损
	3	窗口	各层连接紧密,保温层砂浆饱满,无保温层外露
	4	预留洞口	位置准确,数量无误
	5	平整度	[0,4](mm)
	6	预制构件截面尺寸	外叶板:120 mm [-5,5](mm)

续表

	序号	项目名称	要求
土建	7	预制构件截面尺寸	结构墙:200 mm,250 mm [-5,5](mm)
	8	灌浆连接钢筋留置长度	—
	9	顶面、侧面、底面凿毛	凿毛深度≥4 mm
	10	预留预埋螺母、套筒	位置准确,数量无误
	11	吊装、运输用的吊环	位置准确,规格无误,无裂纹,无过度锈蚀,无颈缩
	12	灌浆套筒是否通畅	通畅,无异物,深度符合要求
机电	1	线盒	标高、坐标准确
			整洁,无异物
			统一标高、平整度
			统一标高、垂直度
	2	线管	通畅,无直角弯头

2.3.3　预制混凝土构件堆场

预制构件运至施工现场后,由塔吊或汽车吊按施工吊装顺序有序吊至专用堆放场地内。预制构件堆放时必须在构件上加设枕木,场地上的构件应采取防倾覆措施。

预制构件存放有三种方式:竖放法、靠放法、叠放法。

预制墙板采用竖放法,用槽钢制作满足刚度要求的支架,墙板搁支点应设在墙板底部两端处,堆放场地须平整、结实,墙板宜对称靠放,饰面朝外,且与地面的倾斜角度不得小于80°。搁支点可采用柔性材料,构件堆放好以后要采取临时固定措施,场地做好临时围挡。因人为碰撞或塔吊机械碰撞,堆场内的预制混凝土墙板会发生多米诺骨牌式倒塌。墙板按吊装顺序交错有序堆放,板与板之间留出一定间隔,如图2-13 所示。

预制板、柱、梁宜采用叠放方式存放,层与层之间应设置支垫,支垫应平整且上下对齐,最下一层支垫应通长设置。预制叠合板叠放层数不应大于6层;预制柱、梁叠放层数不应大于2层。避免不同种类的构件一同码放,因为支点位置不同会造成叠合板裂缝,如无法避免不同种类的构件混放,支点应与下层支点位置一致。

靠放法适用于三明治外墙板和其他异型构件。

图 2-13　预制构件堆放

2.3.4　预制混凝土构件成品保护

预制混凝土构件在运输、堆放和吊装的过程中必须采取成品保护措施。在构件运输的过程中应采用钢架辅助运输。

思考题

1. 装配式混凝土结构的施工准备包括哪些内容?
2. 装配式混凝土结构的施工组织设计包括哪些内容?

拓展题

请简单列出装配式混凝土结构施工方案中施工准备部分的内容。

习　题

1. 预制构件成型常用的振捣方法有（　　　）、（　　　）、（　　　）和真空作业法等。

2. 预制构件的养护方法有（　　　）、（　　　）、（　　　）、太阳能养护、远红外线养护等。

3. 图纸会审是由（　　　）、（　　　）、（　　　）以及有关部门参加的图纸审查会。

4. 阳台板、空调板可叠放运输，叠放数量不得超过（　　　）块，叠放高度不得超过限高。

5. 梁板类简支受弯预制构件进场时应按（　　　　　　　　　）的规定进行结构性能检验。

6. 预制构件存放有三种方式：（　　　）、（　　　）、叠放法。

7. 预制叠合板叠放层数不应大于（　）层；预制柱、梁叠放层数不应大于（　）层。

第3章 装配式混凝土结构的主体施工工艺

掌握装配式混凝土单层厂房结构的主体施工工艺要求；掌握装配式混凝土多高层框架结构的主体施工工艺要求。

学生通过学习可以简单掌握整体装配式混凝土结构的主体施工方法。

3.1 装配式混凝土结构的安装

结构安装工程是将预制构件用起重机械吊装到设计位置的施工全过程。在装配式混凝土结构房屋施工中，结构安装是主导工程，将直接影响施工进度、工程质量和工程成本。

结构安装工程具有设计标准化、构件定型化、产品工厂化、安装机械化等优点。其施工特点是：高空作业多，构件一般都长、大、重，易发生安全事故；有些构件（如桁架、柱子等）在运输和吊装时要加临时支撑，以免改变受力性质，导致构件被破坏。在拟订结构安装工程施工方案时，应根据工程结构的特点、现场机械设备条件和施工工期的要求，从技术和组织两

方面进行周密的计划和研究,解决好以下几方面的问题:

（1）结构安装前的准备工作,构件的制作及加工订货;

（2）合理选择起重和运输机械;

（3）确定结构安装方法和构件的安装工艺;

（4）确定起重机械布置方法、开行路线及构件的现场布置;

（5）预制构件接头处理方案和安装工程的安全技术措施等。

选择起重机械时,应根据工程设计图提供的装配式结构吊装基本数据,合理确定起重机械的类型、型号和数量。机械类型依据工程结构的类型和特点,建筑结构的平面形状、平面尺寸、最大安装高度,构件的最大重量和安装位置等选择。在确定型号时主要考虑机械的臂长和起重参数。起重机的数量是根据工程结构的装配工程量、起重机的台班生产率和安装工期的要求综合考虑确定的。

结构安装工程常用的起重机械有履带式起重机、汽车式起重机、轮胎式起重机、塔式起重机和桅杆式起重机等。

（1）履带式起重机。履带式起重机操纵灵活,使用方便,车身能 360° 回转,如图 3-1 所示;可以负载行驶并能在一般的坚实、平坦地面上完成吊装作业。其缺点是稳定性较差,不宜超负荷吊装,如果需要加长起重臂或超载吊装,要进行稳定性验算,并采取相应的保障措施。履带式起重机被广泛地应用在单层工业厂房的结构安装工程中。

图 3-1　履带式起重机外形

（2）汽车式起重机和轮胎式起重机。汽车式起重机行驶速度快,移动迅速且对路面的损坏小。但是,吊装作业时其稳定性较差,需设可伸缩的支腿用于增强汽车的侧向稳定性,给吊装作业增加了操作工序,使吊装作业复杂化。汽车式起重机不能负载行驶,在结构安装工程中多用于构件装卸和辅助塔式起重机等。轮胎式起重机(图3-2)的特点与汽车式起重机相似,起重部分机构与履带式起重机基本相同,只是行驶装置不同。轮胎式起重机起重量较大,多用于一般工业厂房的施工。

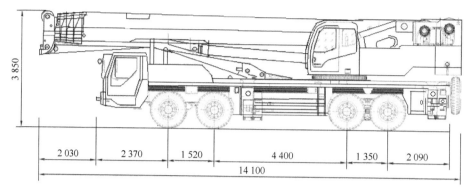

图3-2 轮胎式起重机外形

(3)塔式起重机。塔式起重机设有竖直的高耸塔身,起重臂安装在塔身顶部,因此它具有较大的工作空间,起重高度和起重半径均较大,广泛应用于高大的工业厂房和多层及高层结构的安装工程。

起重机除了上述最常用的几种类型外,还有桅杆式起重机,其形式又分为独脚拔杆、悬臂拔杆和人字拔杆等。桅杆式起重机分为钢制和木制两类。这类起重机械制作简单、装拆方便,在其他自行式起重机不能满足需要时,也常被用于结构安装工程。但是,桅杆式起重机要设较多的缆风绳用于维持桅杆的工作稳定性,因而移动困难、灵活性差,影响了安装工作效率。

3.2 装配式混凝土结构的施工方法

装配式混凝土结构可分为两种:整体装配式结构,即构件在工厂预制完成后,在现场进行安装,这样可以节省模板消耗,提高劳动效率,加快施工进度;装配整体式结构(简称装配式结构),即将预制构件吊装就位后,通过钢筋、连接件或施加预应力连接成为整体,其整体性、抗震性较好,是目前较常见的装配式混凝土结构。

3.2.1 整体装配式框架结构施工工艺

3.2.1.1 整体装配式框架结构的特点

整体装配式框架结构具有施工效率高、现场湿作业少、用工量省、绿色环保、节能等优点,其构件和安装过程见图 3-3 和图 3-4。

预制柱

预制外墙

预制飘窗

预制阳台

预制楼梯

预制异型构件

图 3-3　整体装配式框架结构构件

图 3-4　整体装配式框架结构安装过程

3.2.1.2　整体装配式框架结构施工工艺流程

整体装配式框架结构的主要施工工艺流程如图 3-5 所示。

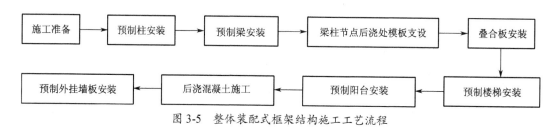

图 3-5　整体装配式框架结构施工工艺流程

3.2.1.3　整体装配式单层工业厂房施工工艺流程

1. 准备工作

准备工作直接影响整个工程的施工进度与安装质量。在结构安装之前,应做好各项准备工作。

1)构件的准备

现场预制构件时,应按照构件吊装的方法、要求确定预制排放的位置,尽可能在预制位置原地起吊,避免二次排放和搬运。

预制厂制作的构件应采用适宜的车辆直接运送到构件安装的地点。钢筋混凝土预制构件的起运强度不得低于设计强度等级的 75%。在运输过程中构件不能产生过大的变形,也不得发生倾倒或损坏。构件的装卸要平稳,堆放的支垫位置要正确,堆放场地应坚实、牢固,以免因局部沉陷引起构件断裂。

在吊装前,要严格检查预制构件的尺寸、形状,清理预埋铁件和插筋,并对不同构件按安装需要弹出轴线、中心线、十字线或辅助线等,作为安装时的对位、校正标志。对于屋架等截面较小的构件应进行必要的加固,以免在起吊、扶直和安装过程中发生变形、裂缝等事故。

2)场地的准备

运输道路必须平整、坚实,并有足够的路面宽度和转弯半径。在构件吊装前,先设计施工现场平面布置图,标出起重机械行走的路线。在清理路线上杂物的基础上,将路面平整、压实,并做好排水。当遇上松软土或回填土,压实难以达到要求时,则铺设枕木或厚钢板。

3)基础的准备

钢筋混凝土柱一般采用杯形基础,用混凝土将它们灌注为一体。钢柱则通过基础预埋螺栓与基础连接为整体。

浇筑杯形基础时应保证定位轴线、杯口尺寸和杯底标高正确。柱子安装前应在杯口顶面弹出轴线和辅助线,与柱子所弹墨线相对应,作为对位和校正的依据;同时抄平杯底并弹出标高准线,作为调整杯底标高的依据。若杯底偏高,则要凿去;若杯底标高不够,则用水泥砂浆或细石混凝土将杯底填平至设计标高,允许误差为 ±5 mm。

柱基础施工时应保证顶面高度准确,其误差在 ±2 mm 以内;基础要垂直,其倾斜度要小于 1/1 000;锚栓位置也要准确,误差在支座范围内 5 mm。

2. 安装工艺

整体装配式结构构件的种类繁杂,重量大且长度不一。其吊装包括绑扎、起吊、就位、临时固定、校正、最后固定等几道工序。

1)预制柱的安装

Ⅰ.柱子的绑扎

柱的吊装方法分为直吊法和斜吊法,或者分为旋转法和滑行法。

柱的绑扎:柱的绑扎应力求简单、可靠,便于安装、就位。吊点多选择在牛腿以下部位,既高于构件重心又便于绑扎。绑扎工具有吊索、卡环和横吊梁等。柱的绑扎方式有一点绑扎斜吊法(图 3-6)、一点绑扎直吊法(图 3-7)和两点绑扎直吊法。

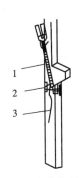

图 3-6　一点绑扎斜吊法
1—吊索;2—卡环;3—卡环插销拉绳

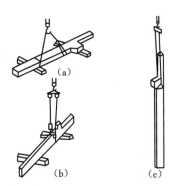

图 3-7　一点绑扎直吊法
(a)将柱翻身时的绑扎　(b)直吊时的绑扎　(c)柱的吊升

柱的绑扎点数量与柱的几何尺寸和重量有关。一般中小型柱多采用一点绑扎,重型柱多采取两点绑扎。

Ⅱ.柱的起吊

柱由预制的位置吊至杯口进行安装,常用下述两种方法。

(1)旋转法:一般在采用带起重臂杆的起重机时选用该方法(图 3-8)。该方法的吊升特点是边升钩、边回转臂杆,使柱子以下端为支点旋转成竖直状态,随即插入基础杯口。这种方法操作简单,柱身受震动小且生产效率高。柱的平面布置应满足旋转法吊装要求,即原则上应使吊点、柱下端中心点、杯口中心点三点共弧,也就是三点都在起重机工作半径的圆弧上,同时柱下端靠近杯口,尽可能加快安装速度。

(2)滑行法:该方法可用于有臂杆和无臂杆的不同起重机进行柱的吊装(图 3-9)。滑行法吊柱的特点是吊钩对准杯口,只提升吊钩而臂杆不动,柱随吊钩提升逐渐竖直并滑向杯口,竖直后即吊入杯口。这种方法因柱下端与地面的滑动摩擦力大而受震动大,并且在滑起的瞬间产生冲击,应注意吊升安全。

柱的布置特点:柱的吊点(牛腿下部)靠近杯口,要求吊点和杯口中点共弧(两点共弧),以使柱吊离地面后稍作旋转即可落入杯口内。

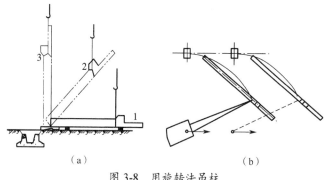

（a）　　　　　　　　　　　　（b）

图 3-8　用旋转法吊柱

（a）旋转过程　（b）平面布置

1—柱平放时；2—起吊中途；3—直立

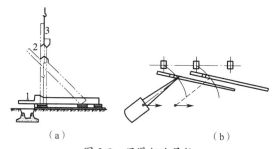

（a）　　　　　　　　　　　　（b）

图 3-9　用滑行法吊柱

（a）滑行过程　（b）平面布置

1—柱平放时；2—起吊中途；3—直立

Ⅲ.柱的临时固定

柱插入杯口后应悬空对位,同时用 8 块楔子边对位边固定(图 3-10)。对位基本准确后才准脱钩,以减小校正时的难度。另外脱钩时应注意起重机因突然卸载可能发生的摆动现象。当柱子比较高大时,除在杯口加楔固定外,还需增设缆风绳或支撑,以保证柱的稳定性(图 3-11)。

Ⅳ.柱的位置和垂直度校正

柱子安装位置的准确性和垂直的精度,影响着吊车梁和屋架等构件的安装质量,必须进行严格的校正并使其误差控制在规范允许的范围内。

柱的平面位置和垂直度的校正是互相影响的两个过程,应同时进行。平面位置的校正以基础顶面所弹的轴线、中心线或辅助线为校核依据,采用敲打楔块(另一侧松楔块)的办法进行校正。柱身垂直度校正是以柱身弹出的中心线(或辅助线)为校核的基准线,通常利用两台经纬仪观测柱相邻两面的中心线是否垂直。倾斜度超过允许偏差时,可用螺旋千斤顶平顶法或钢管撑杆斜顶法校正。校正垂直偏差时要同时松开或打紧楔块,防止硬拉或硬推柱身引起弯曲或裂缝。

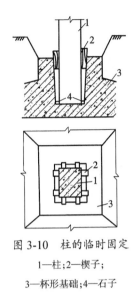

图 3-10　柱的临时固定

1—柱;2—楔子;

3—杯形基础;4—石子

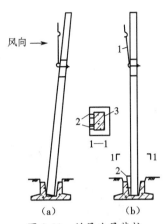

图 3-11　斜吊法吊装柱

（a）将柱送到杯口底　（b）回转吊杆使柱身垂直

1—吊索;2—楔子;3—柱

V.柱的最后固定

柱经过校正后应立即进行最后固定。杯口空隙内的混凝土应分两次浇筑,首次浇至楔底,待混凝土达到设计强度等级的 25% 后,再去掉楔块浇至杯口顶面。接头混凝土应密实并注意养护,待其达到规范规定的强度后,方可在柱上安装其他构件。

2)吊车梁的吊装

吊车梁一般用两点绑扎水平起吊就位,要对准牛腿顶面弹出的轴线(十字线)。吊车梁较高时应与柱牢固拉结。吊车梁的校正多在屋盖吊装完毕后进行。吊车梁校正的内容有平面位置、垂直度和标高。

在柱基杯底抄平时根据牛腿顶面至柱底的距离对杯底标高进行调整,从而校正吊车梁的标高。吊车梁吊装后标高偏差不会很大,较小的误差待安装吊车的轨道时再调整。吊车梁的垂直度可用垂球检测,其偏差可用钢垫块支垫找直。吊车梁平面位置的校正,主要是校核吊车梁的跨度和吊车梁的纵向轴线,使柱列上所有吊车梁的轴线在同一直线上。通常用通线法校正吊车梁的平面位置。

吊车梁校正合格后,应立即进行最后固定,焊好连接钢板并浇筑接头细石混凝土。

3)屋架的吊装

I.屋架绑扎

屋架起吊的吊索绑扎点应选择在屋架上弦节点处且左右对称。吊索与水平线的夹角不宜小于 45°。屋架吊点的数目和位置与屋架的形式及跨度有关。一般屋架跨度在 18 m 以内者多用两点绑扎,跨度超过 18 m 者可用四点绑扎。跨度大于或等于 30 m 者则应采用横吊梁辅助吊装,以减小吊索高度和吊装时对杆件的压力。屋架跨度过大且构件刚度较差时,应对腹杆及下弦进行加固。屋架的绑扎如图 3-12 所示。

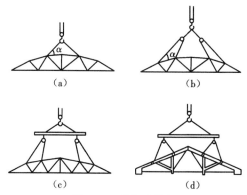

图 3-12 屋架的绑扎

（a）屋架跨度小于或等于 18 m 时 （b）屋架跨度大于 18 m 时 （c）屋架跨度大于 30 m 时 （d）三角形组合屋架

Ⅱ. 屋架的吊升与临时固定

屋架吊升时离开地面约 500 mm 后,应停车检查吊索是否稳妥,然后旋转至屋架安装地点的下方,再垂直向上吊升至柱顶就位,对准柱顶的轴线,同时检查和调整屋架的间距和垂直度,随后做好临时固定,稳妥后起重机才能脱钩。

第一榀屋架的临时固定必须可靠。一方面一榀屋架是不稳定结构,侧向稳定性很差,另外第二榀屋架要以它为依托进行固定,所以第一榀屋架的固定非常关键且难度较大。常见的临时固定方法有两种:一种是利用四根缆风绳从两侧将屋架拉牢;另一种是与抗风柱连接固定。第二榀及以后各榀屋架的固定,常采用工具式卡具与第一榀卡牢。工具式卡具还可用于校正屋架间距。

Ⅲ. 屋架的校正和最后固定

屋架主要校正垂直度,可用经纬仪或线锤进行检测。用经纬仪检测屋架垂直度时,应预先在屋架上弦两端和中央固定三根方木,并在方木上画出距上弦中心线定长(设为 a)的标志。在地面上作一条平行于横向轴线且间距为 a 的辅助线,利用辅助线支设经纬仪测定三根方木上的标志是否在同一垂直面上。如偏差值超出规定,应进行调整并将屋架支座用铁片垫实,然后进行焊接固定。

4)屋面板的吊装

屋面板较轻,一般可单吊或一次吊两块,以充分发挥起重机的作用。屋面板采用四点起吊。屋面板的吊装,应从屋架两端开始对称地向屋脊方向进行,严格避免屋架承受半边荷载。屋面板就位后应进行焊接固定,固定焊接至少三个支点。

3.2.1.4 整体装配式框架结构施工工法

1. 整体装配式框架结构施工的特点和工艺原理

1)整体装配式框架结构施工的特点

Ⅰ. 标准化施工

以标准层的每层、每跨为单元,根据结构特点和便于构件制作、安装的原则将结构拆分成不同种类的构件(如墙、梁、板、楼梯等)并绘制结构拆分图。相同类型的构件尽量将截面尺寸和配筋等统一成一个或少数几个种类,同时对钢筋逐根进行定位并绘制构件图,这样便于标准化的生产、安装和质量控制。

Ⅱ.现场施工简便

构件的标准化和统一化注定了现场施工的规范化和程序化,使施工变得更方便操作,使工人能更好更快地理解施工要领和安装方法。

Ⅲ.质量可靠

构件图绘制详细,构件在工厂加工,使构件质量得到充分保障;构件类型相对较少,形式统一,使现场施工标准化、规范化,更便于现场质量的控制。外墙采用混凝土外墙,外墙的窗框、涂料或瓷砖均在构件厂与外墙同步完成,很大程度上解决了窗框漏水和墙面渗水的质量通病。

Ⅳ.安全

外墙采用预制混凝土外墙,省去了砌体抹灰工作,同时涂料、瓷砖、窗框等外立面工作已经在加工厂完成,大大减少了危险多发区建筑外立面的工作量和材料堆放量,使施工安全更有保证。

Ⅴ.制作精度高

预制构件的加工要求:构件截面尺寸误差控制在 ±3 mm 以内,钢筋位置偏差控制在 ±2 mm 以内,构件安装误差水平位置控制在 ±3 mm 以内,标高误差控制在 ±2 mm 以内。

Ⅵ.环保节能效果突出

大部分材料在构件厂加工,标准化、统一化的加工减少了材料的浪费;现场基本没有湿作业,初装修均采用装配施工,大大减少了建筑垃圾的产生;模板除在梁柱交接的核心区使用外,基本不再使用,大大降低了木材的消耗;钢筋和混凝土的现场用量大大减少,降低了水、电的现场使用量,同时也减少了施工噪声。

Ⅶ.计划和程序管理严密

各种施工措施埋件要反映在构件图中,这就要求方案的可执行性强,并且要严格按照方案和施工程序施工。构件的加工计划、运输计划和每辆车上构件的装车顺序与现场施工计划和吊装计划紧密结合,确保每个构件严格按实际吊装时间进场,保证了安装的连续性和整体工期的实现。

2)整体装配式框架结构施工的工艺原理

梁、板等水平构件采用叠合形式,即构件底部(包含底筋、箍筋、底部混凝土)采用工厂预制,面层和伸入支座处(包含面筋)采用现浇。外墙、楼梯等构件除伸入支座处现浇外,其他部分全部预制。每个施工段的构件现场全部安装完成后统一进行浇筑,这样有效地解决了拼装工程整体性差、抗震等级低的问题,同时也减少了现场钢筋、模板、混凝土的用量,简化了现场施工。

构件拆分和生产的统一性保证了安装的标准性和规范性,大大提高了工人的工作效率和机械利用率。这样大大缩短了施工周期,减少了劳动力数量,满足了社会和行业对工期的要求,解决了劳动力短缺的问题。

2. 施工工艺流程及操作要点

1)工艺流程

图 3-13、图 3-14 分别是整体装配式框架结构及其标准层的施工工艺流程。

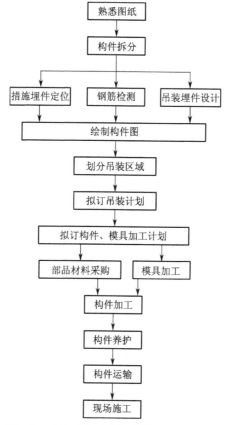

图 3-13 整体装配式框架结构施工工艺流程

2)操作要点

装配式框架结构平面尺寸小而高度大,建筑构件的类型、数量多,施工中要处理许多构件连接节点,进行大量的校正工作。构件的吊装都是高空作业,安全保障工作十分重要。因此,安装工程应制订科学的方案,做好各项准备工作。

构件安装前的准备工作主要包括抄平放线、构件的检查和弹线、构件就位排放和基础准备。此外,还要进行起重机的试运转及索具支撑的准备。

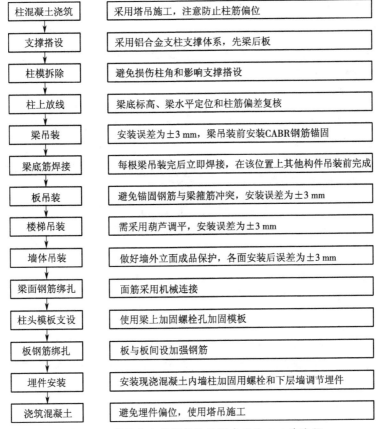

图 3-14 整体装配式框架结构标准层施工工艺流程

抄平放线工作贯穿整个安装过程,从基础顶面的轴线和构件位置外包线,到各结构层的轴线、外包线的测设。从基础至各层的标高亦应随层进行测设。对起控制全局作用的主轴线应做好保险桩,作为检查、验收测量的依据。

构件的准备工作主要包括运输、堆放、检查、弹线等。构件运输过程中应避免碰撞损失。构件在施工现场的储备量应根据安装效率和场地大小及运输条件确定,原则是保证吊装工作连续进行。

构件的检查和准备工作包括核对构件型号、尺寸和外观质量,清理构件的预埋件,在构件表面弹出轴线、中心线或辅助线等。

构件就位排放:构件进场后的布置要根据起重机的布置方式和吊装参数要求确定,同时应考虑吊装的先后顺序,方便构件编号查找。构件布置一般应遵循以下原则。

(1)预制构件应排放在起重机起重半径回转范围内,避免二次搬运。条件不允许时,一部分小型构件可集中堆放在建筑物附近,吊装时再转运到起吊地点。

(2)重型构件应尽量排放在靠近起重机一侧,中小型构件可布置在重型构件外侧。

(3)构件堆放位置应与构件在结构上的安装位置协调一致,尽量减少起重机的移动和变幅。

（4）预制构件堆放时,应便于构件的弹线和其他准备工作的进行。

构件的排放应根据现场条件,分别采用构件平行于起重机轨道、垂直于轨道或与轨道斜交等方式。不同的构件宜分类集中堆放,避免混类叠压,以便加速起吊。构件堆放场地应经夯实,并有排水设施。垫木应合理放置,防止产生裂缝。

Ⅰ.技术准备要点

所有需在结构中预埋措施埋件的施工方案必须在构件图绘制前对每个埋件进行定位,以便反映在构件图中。

构件模具生产顺序、构件加工顺序和构件装车顺序必须与现场吊装计划相对应,避免因为构件未加工或装车顺序错误影响现场施工进度。

构件图出图后,必须第一时间对构件图中的预留预埋部品进行认真核对,确保无遗漏、无错误,避免构件生产后无法满足施工措施和建筑功能的要求。

Ⅱ.平面布置要点

现场硬化采用 20 mm 厚钢板,铺设范围包括常规材料(钢管、支撑、吊具、钢模等)堆场、外架底部和构件车辆行走道路。使用钢板便于周转,利于环保节能。

现场车辆行走通道必须能使车辆同时进出,避免因道路问题影响吊装衔接。

塔吊数量需根据构件数量进行确定(结构构件数量一定,塔吊数量与工期成反比);塔吊型号和位置根据构件重量和范围进行确定,原则上塔吊距最重构件和吊装难度最大的构件最近。

Ⅲ.吊装前准备要点

构件吊装前必须整理吊具,并根据构件的形式和大小安装好吊具,这样既能节省吊装时间,又可保证吊装质量和安全。

构件必须根据吊装顺序进行装车,避免现场转运和查找。

构件进场后,根据构件标号和吊装计划的吊装序号在构件上标出序号,并在图纸上标出序号位置,这样可直观表示出构件位置,便于吊装工和指挥人员操作,降低误吊概率。

所有构件吊装前必须在相关构件上将各个截面的控制线提前放好,这样可节省吊装、调整时间并利于质量控制。

墙体吊装前必须将调节工具埋件提前安装在墙体上,这样可减少吊装时间,并利于质量控制。

所有构件吊装前下部支撑体系必须完成,且支撑点标高应精确调整。

梁构件吊装前必须测量并修正柱顶标高,确保柱顶标高与梁底标高一致,便于梁就位。

Ⅳ.吊装要点

构件起吊离开地面时如顶部(表面)未达到水平,必须调整水平后再吊至构件就位处,这样便于钢筋对位和构件落位。

柱拆模后应立即进行钢筋位置复核和调整,确保不会与梁钢筋冲突,避免梁无法就位。

凸窗、阳台、楼梯、部分梁构件等同一构件上吊点高低不同时,低处吊点采用葫芦进行拉结,起吊后调平,落位时采用葫芦紧密调整标高。

梁吊装前在柱核心区内先安装一道柱箍筋,梁就位后再安装两道柱箍筋,之后才可进行梁、墙吊装。否则,柱核心区质量无法保证。

梁吊装前应对所有梁底标高进行统计,有交叉部分的梁,吊装方案应按先低后高的顺序安排施工。

墙体吊装后才可进行梁面筋绑扎,否则将阻碍墙锚固钢筋伸入梁内。

墙体如果是水平装车,起吊时应先在墙面安装吊具,墙水平吊至地面后将吊具移至墙顶。然后在墙底铺垫轮胎或橡胶垫,进行墙体翻身使其垂直,这样可避免墙底部边角损坏。

Ⅴ.预制梁构件吊装要点

预制梁构件吊装要点见图 3-15。

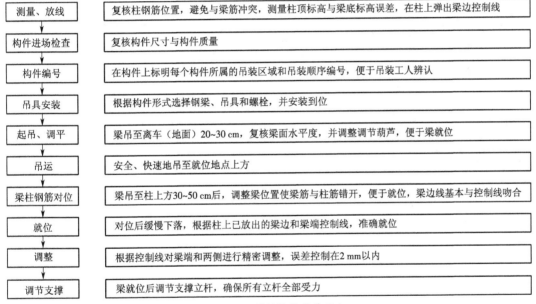

图 3-15　预制梁构件吊装要点

Ⅵ.预制板构件吊装要点

预制板构件吊装要点见图 3-16。

Ⅶ.预制楼梯构件吊装要点

预制楼梯构件吊装要点见图 3-17。

Ⅷ.预制墙体构件吊装要点

预制墙体构件吊装要点见图 3-18。

测量、放线	每根梁吊装后,测量并弹出相应板构件端部和侧边的控制线,检查支撑搭设情况是否满足要求
构件进场检查	复核构件尺寸和构件质量
构件编号	在构件上标明每个构件所属的吊装区域和吊装顺序编号,便于吊装工人辨认
吊具安装	根据构件形式选择钢梁、吊具和螺栓,并安装到位
起吊、调平	板吊至离车(地面)20~30 cm,复核板面水平度,并调整调节葫芦,便于板就位
吊运	安全、快速地吊至就位地点上方
梁板钢筋对位	板吊至柱上方30~50 cm后,调整板位置使板锚固筋与梁箍筋错开,便于就位,板边线基本与控制线吻合
就位	对位后缓慢下落,根据梁上已放出的板边和板端控制线,准确就位
调整	根据控制线对板端和两侧进行精密调整,误差控制在2 mm以内
调节支撑	板就位后调节支撑立杆,确保所有立杆全部受力

图 3-16 预制板构件吊装要点

测量、放线	楼梯间周边梁板吊装后,测量并弹出相应楼梯构件端部和侧边的控制线
检查构件情况	复核构件尺寸和构件质量
构件编号	在构件上标明每个构件所属的吊装区域和吊装顺序编号,便于吊装工人辨认
吊具安装	根据构件形式选择钢梁、吊具和螺栓,并在低跨采用葫芦连接塔吊吊钩和楼梯
起吊、调平	楼梯吊至离车(地面)20~30 cm,采用水平尺测量水平度,如不平则采用葫芦将其调整水平
吊运	安全、快速地吊至就位地点上方
钢筋对位	楼梯吊至梁上方30~50 cm后,调整楼梯位置使上下平台锚固筋与梁箍筋错开,板边线基本与控制线吻合
就位、调整	根据已放出的楼梯控制线,先保证楼梯两侧准确就位,再使用水平尺和葫芦调节楼梯水平度
调节支撑	楼梯就位后调节支撑立杆,确保所有立杆全部受力

图 3-17 预制楼梯构件吊装要点

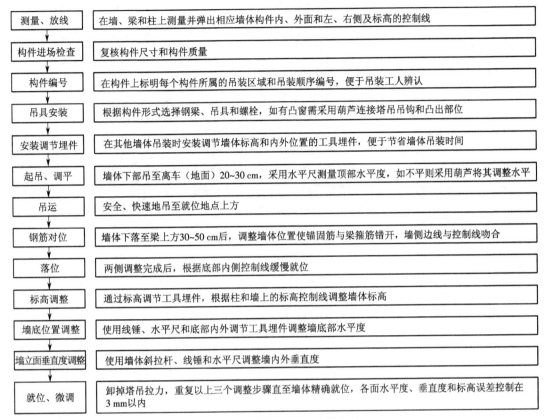

测量、放线	在墙、梁和柱上测量并弹出相应墙体构件内、外面和左、右侧及标高的控制线
构件进场检查	复核构件尺寸和构件质量
构件编号	在构件上标明每个构件所属的吊装区域和吊装顺序编号,便于吊装工人辨认
吊具安装	根据构件形式选择钢梁、吊具和螺栓,如有凸窗需采用葫芦连接塔吊吊钩和凸出部位
安装调节埋件	在其他墙体吊装时安装调节墙体标高和内外位置的工具埋件,便于节省墙体吊装时间
起吊、调平	墙体下部吊至离车(地面)20~30 cm,采用水平尺测量顶部水平度,如不平则采用葫芦将其调整水平
吊运	安全、快速地吊至就位地点上方
钢筋对位	墙体下落至梁上方30~50 cm后,调整墙体位置使锚固筋与梁箍筋错开,墙侧边线与控制线吻合
落位	两侧调整完成后,根据底部内侧控制线缓慢就位
标高调整	通过标高调节工具埋件,根据柱和墙上的标高控制线调整墙体标高
墙底位置调整	使用线锤、水平尺和底部内外调节工具埋件调整墙底部水平度
墙立面垂直度调整	使用墙体斜拉杆、线锤和水平尺调整墙内外垂直度
就位、微调	卸掉塔吊拉力,重复以上三个调整步骤直至墙体精确就位,各面水平度、垂直度和标高误差控制在3 mm以内

图 3-18　预制墙体构件吊装要点

3)安装材料与设备

(1)整体装配式框架结构安装常用材料见表 3-1。

(2)机具设备见表 3-2。

(3)劳动力。

①预制加工厂配套人员(每套模具)见表 3-3。

②现场吊装配备人员(每个组)见表 3-4。

4)质量控制

Ⅰ.预制构件质量控制

A.预制构件加工精度

装配整体式混凝土结构中的梁、板和楼梯等构件采用工厂预制,预制构件精度要求高,在施工过程中如果精度无法满足要求将给后续的吊装工作带来巨大阻碍。各类构件的精度要求见表 3-5。

表 3-1　整体装配式框架结构安装常用材料

名　称	规格(mm)或外形
钢模	$200 \times 1\,000,200 \times 1\,500,300 \times 1\,000,300 \times 1\,500$
钢模配套"U"形卡	
角钢	$\llcorner 75 \times 75 \times 6, \llcorner 30 \times 30 \times 3$
钢模吊具	
"L"形蝴蝶螺杆	
"一"字形蝴蝶螺杆	
斜撑杆	
支撑架体材料	
端头锚	
内置螺栓	
连墙件	
预埋件	—
安全绳	—

表 3-2　机具设备

序号	名称	型号规格	单位	数量
1	塔吊	QTZ40	台	1
2	钢梁	20# 工字钢	根	1
3	葫芦	3 t	个	4
4	钢丝绳	—	—	—
5	自动扳手	—	把	4
6	对讲机	—	台	3
7	电焊机	—	台	2

表 3-3　预制加工厂配套人员（每套模具）

序号	工种	人数
1	焊工	1
2	钢筋工	4
3	木工	2
4	电工	1
5	混凝土工	3

表 3-4　现场吊装配备人员（每个组）

序号	工种	人数
1	协调员	1
2	起重工	8
3	木工	2
4	司机	1
5	塔吊指挥	2
6	焊工	2
7	测量员	2

表 3-5　构件精度要求

检测项目			要求	检测方法
主控项目	混凝土强度及外观质量		符合 GB 50204—2015 的要求	检查构件,查看报告
一般项目	吊装标识		清晰无误	按图检查
	截面尺寸	长	±6 mm	用卷尺测量
		宽	±4 mm	
		高(厚)	±3 mm	
	梁侧、底平整度		2 mm	用 4 m 靠尺检测
	板底平整度		3 mm	
	墙表面平整度		3 mm	
	对角线		2 mm	用对角尺或高精度测距仪器检测
	底部钢筋间距 / 长度		5 mm/-3 mm	
	箍筋间距		±5 mm	
	焊接端钢筋翘曲		不大于 2 mm	
	预埋件定位		±2 mm	
	埋件标高		±3 mm	
	预留孔洞中心线		±5 mm	
	预留孔洞标高		±5 mm	

B. 预制构件加工质量控制流程

预制构件加工质量控制是工业化生产过程中的重要环节,直接关系到吊装工程的施工质量和施工进度。装配整体式结构工程对预制构件的加工精度要求较高,在流程控制上每道工序必须做到有可追溯性。

预制构件质量控制流程如图 3-19 所示。

Ⅱ. 现浇部分质量控制

A. 控制重点

柱网轴线偏差的控制、楼层标高的控制、柱核心区钢筋定位的控制、柱垂直度的控制、柱首次浇筑后顶部与预制梁接槎处平整度和标高的控制、叠合层内后置埋件精度的控制、连续梁在中间支座处底部钢筋焊接质量的控制、叠合板在柱边处表面平整度的控制、屋面框架梁柱处面筋节点施工质量的控制。

B. 柱轴线允许偏差

柱轴线允许偏差必须满足《工程测量规范》(GB 50026—2020)的要求,测量控制按由高至低的级别进行,允许偏差不得大于 3 mm。

C. 标高控制

在建筑物周边设置控制点,以便于相互检测标高。每层标高允许误差不大于 3 mm,全部标高允许误差不大于 15 mm。

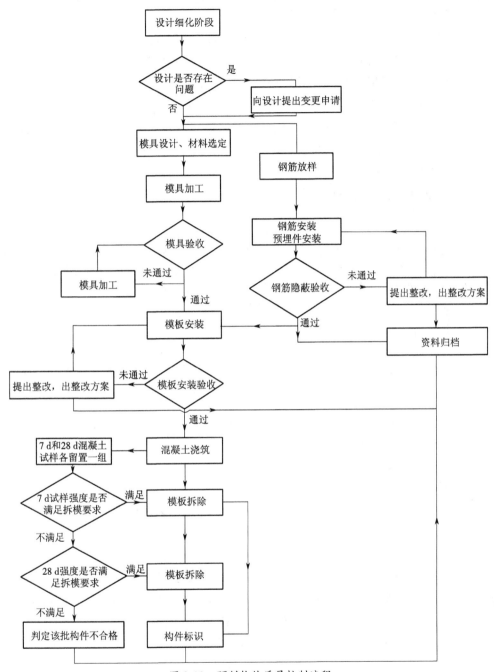

图 3-19　预制构件质量控制流程

D. 钢筋定位

装配整体式结构工程在设计过程中就应将钢筋定位图绘出,柱每侧竖向钢筋之间的间距必须符合钢筋定位图,以利于预制梁的吊装,梁钢筋允许偏差不得大于 5 mm。

E. 现浇柱垂直度

混凝土柱独立浇筑时周边无梁板支撑架体,在加固时存在一定难度,因此在本层叠合梁板混凝土浇筑时须埋设柱模加固埋件,每根柱对三个面进行斜拉,在浇筑完成后再进行一次垂直度的检测,最终检测结果偏差不得大于 3 mm。

F. 现浇柱顶面平整度

现浇混凝土柱顶面与梁接槎处,表面平整度偏差不得大于 2 mm,梁的吊装尽量在柱浇筑完成后 12 h 进行,以避免吊装对柱混凝土造成损坏。

G. 预埋件质量控制

叠合层内的预埋件分为三种,见表 3-6。

表 3-6　预埋件质量控制要求

序号	埋件种类	特性	允许偏差		
			平整度	标高	中心线偏差
1	配合构件吊装用埋件	吊装时为调整构件位置和固定构件而设的预埋部件	2 mm	±3 mm	2 mm
2	支撑用的临时性埋件	为方便模板安装、外架连接和其他临时设施安装而设的预埋部件	5 mm	±5 mm	20 mm
3	结构永久性埋件	为连接构件、加强结构的整体刚度而设的预埋部件	3 mm	±3 mm	3 mm

H. 钢筋连接

预制梁底部钢筋在中间支座处采用帮条熔槽焊,由于接头位置在支座中,故焊接操作较困难。验收时按照 JGJ 18—2012 的要求进行严格把关。

I. 屋面框架梁钢筋锚固

屋面框架梁节点处钢筋要求向下锚入柱内 $1.7L_{ae}$,在施工中柱混凝土浇筑后才开始梁的吊装工作,因此,施工时将梁弯锚钢筋部分在适当的部位截成两段,在浇筑柱混凝土时将套好丝的钢筋先埋入柱内,待梁吊装完成后采用直螺纹套筒进行连接。采用这种方法施工首先必须保证预埋钢筋的定位偏差不得大于 5 mm,标高误差不大于 ±5 mm。具体施工示意图见图 3-20。

J. 吊装质量的控制

吊装质量的控制是装配整体式结构工程的重点环节,也是核心内容,主要控制重点为施工测量的精度。为保证构件整体拼装的严密性,避免出现因累计误差超过允许偏差值而使后续构件无法正常吊装、就位等问题,吊装前须对所有吊装控制线进行认真的复检。

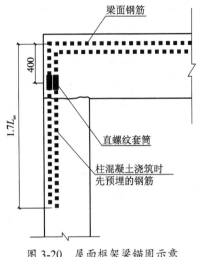

图 3-20　屋面框架梁锚固示意

K. 吊装质量控制流程

构件的吊装质量控制流程见图 3-21。

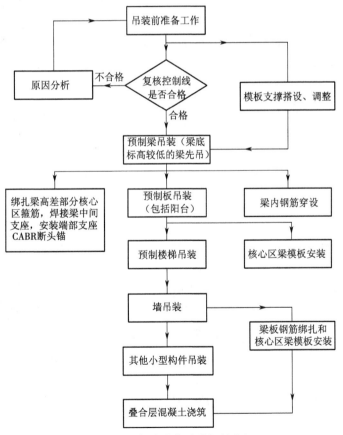

图 3-21　构件吊装质量控制流程

（1）梁吊装控制。梁吊装时应遵循先主梁后次梁、先低后高（梁底标高）的原则。

吊装前检查构件的装车顺序是否与吊装顺序对应，梁的吊装标识是否正确。

调整梁底支撑标高，使其必须高出梁底结构标高 2 mm，使支撑充分受力，避免预制梁底开裂。由于装配整体式结构工程的构件不是整体预制，在吊装就位后不能承受自身荷载，因此梁底支撑间距不得大于 2 m，支撑之间的高差不得大于 1.5 mm、标高偏差不得大于 3 mm。

（2）板吊装控制。板吊装时尽量依次铺开，不宜间隔吊装。

板底支撑与梁底支撑基本相同，板底支撑间距不得大于 2 m，支撑之间的高差不得大于 2 mm、标高偏差不得大于 3 mm，悬挑板外端支撑比内端支撑尽量调高 2 mm。

每块板吊装就位后偏差不得大于 2 mm，累计误差不得大于 5 mm。

（3）墙吊装控制。吊装前对外墙进行统筹分割，尽量将现浇结构的施工误差进行平差，防止预制构件吊装因误差累积而无法进行。

墙的吊装顺序与板基本一致，吊装应依次铺开，不宜间隔吊装。

预制墙体调整顺序：预制墙底部有两组调节件，中部有一组斜拉杆件，每组调节件分为 B 类（标高调整）和 C 类（面外调整）两种；埋件与叠加层梁上埋件对应使用，底部调整完后进行上部调整，最后进行统一调整。

墙吊装时应事先将对应的结构标高线标于构件内侧，有利于吊装标高控制，误差不得大于 2 mm；预制墙吊装就位后标高允许偏差不得大于 4 mm、全层不得大于 8 mm，定位偏差不得大于 3 mm。

（4）其他构件吊装控制。其他小型构件的吊装标高偏差不得大于 5 mm，定位偏差不得大于 8 mm。

L. 吊装注意事项

（1）吊装前准备工作充分到位。

（2）吊装顺序合理，班前质量技术交底清晰明了。

（3）构件吊装标识简单易懂。

（4）吊装人员在作业时必须分工明确，协调合作意识强。

（5）指挥人员指令清晰，不得含糊不清。

（6）工序检验到位，工序质量控制必须做到有可追溯性。

M. 安全措施

（1）进入施工现场必须戴安全帽，操作人员要持证上岗，严格遵守国家行业标准《建筑施工安全检查标准》（JGJ 59—2011）、《建筑施工扣件式钢管脚手架安全技术规范》（JGJ 130—2011）及当地的建筑施工安全管理标准和企业的有关安全操作规程。

（2）吊装前必须检查吊具、钢梁、葫芦、钢丝绳等起重用品的性能是否完好。

（3）严格遵守现场的安全规章制度，所有人员必须参加大型安全活动。

（4）正确使用安全带、安全帽等安全工具。

（5）特种施工人员要持证上岗。

（6）对于安全负责人的指令,要自上而下贯彻,确保对程序、要点进行完整的传达和指示。

（7）在吊装区域、安装区域设置临时围栏、警示标志,临时拆除安全设施(洞口保护网、洞口水平防护)一定要得到安全负责人的许可,离开操作场所时需要将安全设施复位。

（8）工人禁止在吊装范围穿越。

（9）梁、板吊装前提前将梁、板的安全立杆和安全维护绳安装到位,为吊装时工人佩戴安全带提供连接点。

（10）吊装期间所有人员进入操作层都必须佩戴安全带。

（11）操作结束后一定要收拾现场、整理整顿,特别是结束后要对工具进行清点。

（12）需要进行动火作业时,首先要拿到动火许可证,作业时要充分注意防火,准备灭火器等灭火设备。

（13）高空作业人员必须保证身体状况良好。

（14）构件起重作业时,必须由起重工进行操作,吊装工进行安装。禁止无证人员进行起重操作。

N. 环保措施

（1）施工现场采用硬化地面:工地内外通道,临时设施、材料堆放地,加工场,仓库地面等进行混凝土硬化,并保持清洁卫生,避免扬尘污染周围环境。

（2）施工现场必须保证道路畅通、场地平整,无大面积积水,场内设置连续、畅顺的排水系统。

（3）施工现场的各类材料分别集中堆放整齐,并悬挂标识牌,严禁乱堆乱放,不得占用施工便道,并做好防护隔离。

（4）合理安排施工顺序,均衡施工,避免同时操作,集中产生噪声,增加噪声排放量。

（5）清洗起重设备时,注意设置接油容器,防止油污染地面。废弃的棉纱应按有毒有害废弃物进行收集和管理。

（6）培养全体人员的防噪扰民意识。禁止构件运输车辆高速运行和鸣笛,材料运输车辆停车卸料时应熄火。

（7）构件运输、装卸时应防止不必要的噪声产生,施工时严禁敲打构件、钢管等。

具体的施工过程见图 3-22。

构件运输　　　　　　　　　　柱翻身　　　　　　　　　　柱吊装

图 3-22 整体装配式框架结构施工过程

3.2.2　装配整体式结构施工工艺

装配整体式结构一般依照"先柱梁结构,后外墙构件"的安装顺序进行施工,即在建筑主体结构施工中,先将主体结构承重部分的柱、梁、板等结构施工完成,待现浇混凝土养护达到设计强度后,再将工厂中预制完成的构件安装到位,从而完成整个结构的施工。本节以常见的装配整体式剪力墙结构为例,介绍装配整体式结构的施工流程。

装配整体式结构
住宅楼施工工艺

3.2.2.1　装配整体式剪力墙结构的施工流程

装配整体式剪力墙结构安装精度要求高、连接形式复杂且质量管控难度大,要想有效确保装配式建筑的施工质量及施工工期,必须牢牢掌握装配整体式剪力墙结构的施工技术要点。

装配整体式剪力墙结构的施工流程大致为:引测控制轴线 →楼面弹线 →测量水平标高 →逐块安装预制墙板(放置控制标高垫块 → 起吊、就位 → 临时固定→脱钩、校正 → 粘自粘性胶皮 →安装连接板→锚固螺栓安装、梳理)→现浇剪力墙钢筋绑扎(机电暗管预埋)→安装剪力墙模板→搭设支撑排架 →安装叠合阳台板、空调板→ 绑扎现浇楼板钢筋(机电暗管预埋)→ 浇捣混凝土 → 养护→安装预制楼梯→拆除脚手架排架结构→灌浆施工。

1. 安装施工前准备

预制构件安装施工前,技术人员必须严格依照施工图纸的相关内容要求,对预制构件类型、尺寸进行细致核对,确保预制构件几何尺寸允许偏差符合相关规定,并确定各个预制构件的装配位置。最后,正式安装作业前应严格按照吊装流程核对预制构件编号。

2. 测量放线

按照装配整体式剪力墙结构施工图纸的内容,分别将墙体位置线、内墙与外墙边线、门窗洞口边线以及预制楼板的相应位置用墨线依次弹出,并弹出预制墙板 50 cm 水平控制线以及作业面 50 cm 标高控制线。在完成所有控制线的放线作业后,还应于墙体上标注出对应的墙体型号。

预制构件无论采用套筒灌浆还是浆锚连接,都对钢筋定位有着十分严格的要求,若钢筋出现较大偏差,则会导致上部构件无法安装到位。因此,在完成测量作业后,施工技术人员必须利用钢筋定位装置对预留的竖向钢筋进行严格复核(见图 3-23),并对偏位的钢筋进行校正处理,校正后的预留钢筋中心位置偏差范围为 ±3 mm,从而有效确保预制构件能够顺利安装。

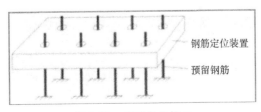

钢筋定位装置

预留钢筋

图 3-23　钢筋定位校正

楼面弹线并测量水平标高,根据预制板编号与楼面对号入座,塔吊采用顺时针方式,如图 3-24 所示。

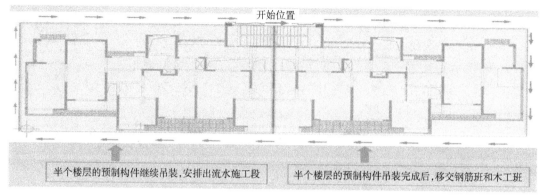

图 3-24　预制板吊装顺序

3. 预制楼板的安装

(1)预制楼板面积大、厚度薄,要求塔吊起升速度稳定,覆盖半径要大,下降速度要慢。

(2)楼板应从楼梯间开始向外安装,便于人员操作,安装时两边设专人扶正构件,缓缓下降。

(3)楼板校正后,预制楼板各边均落在剪力墙、现浇梁(叠合梁)上方 15 mm 处,预制楼板预留钢筋落于支座处后下落,预制楼板初步安装就位(图 3-25)。预制楼板与墙体之间的缝隙用干硬性坐浆料堵实。

(4)预制楼板初步安装就位后,转动调节支撑架上的可调节螺丝,对楼板进行三向微调,确保预制部品标高一致、板缝间隙一致。根据剪力墙上的 500 mm 控制线校正板顶标高。

(5)预制阳台板位置的保温材料,可在吊装完成后填塞。

(6)预制楼板钢支撑拆除。

①预制楼板板底支撑的拆除,必须执行《混凝土结构工程施工质量验收规范》(GB 50204—2015)。作业班组必须进行拆模申请,经技术部门批准后方可拆除。

②已拆除支撑的结构,在混凝土达到设计强度后方允许承受全部使用荷载;当施工荷载产生的效应比使用荷载的效应更不利时,必须经核算后加临时支撑。

图 3-25　预制楼板安装就位

4.外墙板按照预制结构吊装顺序图进行吊装施工

1)吊装前准备

竖向构件吊装前,须先彻底清理构件拼缝内的杂质,再调节标高螺栓或硬质垫片,使其满足板底标高要求,并严格按照要求检查预留钢筋是否存在偏差、预埋件尺寸及位置是否满足要求等。其次,为确保钢丝绳垂直受力,应严格根据吊装作业要求准确计算吊点布设位置与数量,以确保整个吊装过程吊点受力均衡,防止因失稳而发生安全事故。

2)构件吊装顺序

构件起吊前,应安排专人对预制构件的规格型号、外观质量等进行检查,确保无误后方可实施吊装作业。之后严格依照施工现场实际情况及项目部总体安排,合理安排各单元的流水作业。其中,各单元外墙、内墙的吊装按照逆时针顺序进行,一个单元的预制墙体构件吊装完毕后,再进行下一单元的吊装作业,整个吊装过程中严禁打乱吊装顺序。

3)构件吊装要求

吊装作业前,应先开展试吊作业,并严格按照"慢起、快升、缓放"的原则操作。整个吊运过程应逐级、缓慢加速,严禁出现越挡加速操作。另外,为确保整个吊运过程中构件转动及就位平稳,应于构件根部系好缆风绳,并且恶劣天气及大风条件下严禁实施吊装作业。吊运时,由于构件迎风面较大,因此需要借助慢就位机构使预制墙体能够缓慢下放。此外,为有效避免预制墙板就位时出现晃动,可在预制墙板与安装作业面上安装临时导向装置,促进预制墙板一次到位。构件吊装至距安装作业面 20 cm 时停止,由专人检查墙板正反面与图纸是否一致,并检查套筒与预留钢筋是否对正,确认无误后继续缓慢下降,并在预制墙板构件就位、做好临时固定且连接牢固后方可松钩(图 3-26)。

图 3-26　预制外墙板吊装

4)安装固定斜撑

Ⅰ.斜撑体系构成

用于固定预制墙板的斜撑结构体系,主要包括支撑杆、U 形卡座两部分。其中,支撑杆主要由正反调节丝杆、正反螺母、外套管、手把、高强销轴以及固定螺栓组合而成,主要用于承受侧向荷载以及墙板垂直度的调整。

Ⅱ. 固定斜撑安装

墙体下落至稳定,且复核预制墙板垂直度、标高准确无误后,便可进行固定斜撑的安装。先安装固定钢板卡座,再将固定斜撑一端固定于 2/3 墙板处,另一端连接预留于楼板上的膨胀螺栓(图 3-27)。斜撑与竖向呈 35°~45°,且每个墙板安设不少于 2 个斜撑。

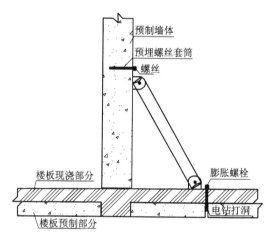

图 3-27　固定斜撑安装

Ⅲ. 微调就位

固定斜撑安装完成后,利用斜撑的微调功能对预制墙板的垂直度进行调节,并通过靠尺或线锤等进行检验复核,确保墙板的垂直度能够满足相关规范要求。另外,通过水平标高控制线或水平仪对墙板水平标高进行校正,并通过测量时放出的墙板位置线、控制轴线校正墙板位置,利用小型千斤顶对偏差进行微调,见图 3-28。

图 3-28　预制外墙板安装就位,进行临时支撑固定

5）绑扎剪力墙、柱钢筋

绑扎预制外墙板与内墙板现浇连接区的钢筋时，应先绑扎暗柱纵筋内的附加箍筋，按照从下到上的次序依次绑扎，再绑扎固定暗柱纵向钢筋与箍筋平面内的外露箍筋、附加箍筋。钢筋绑扎作业时（图 3-29），应严把绑扎质量关，以确保钢筋与预制墙板构件的箍筋以及甩出筋能够通过绑扎固定形成统一的整体。另外，安装现浇连接区的模板时采用穿墙螺栓固定，再根据现浇连接区外观尺寸与受力分布特点等对模板支撑点位置进行确定。

5. 现浇构件模板支设

外墙板吊装、校正完毕后，根据日式配模施工流程，分别进行剪力墙、梁支模（图 3-30），搭设楼面模板和叠合阳台板排架等。

图 3-29　剪力墙钢筋绑扎

图 3-30　剪力墙模板支设

6. 楼层混凝土浇捣并养护

略。

7. 楼梯施工（图 3-31）

（1）预制楼梯分为上、下两个梯段，两段楼梯应在完成楼面混凝土浇筑后吊装。

（2）在摆放预制楼梯前应在现浇接触位置用 M15 砂浆找平。

（3）吊装时应用一长一短的两根钢丝绳将楼梯放坡，保证上下高差相符、顶面和底面平行，便于安装。

（4）将楼梯预留孔对正现浇区预留钢筋，缓慢下落。脱钩前用撬棍调节楼梯段水平方向位置。完成下段楼梯后，再安装上段楼梯。

在楼面板缓台和叠合楼梯之间浇筑混凝土，缓台板是结构标高，踏步板是建筑标高。

图 3-31　楼梯施工

8. 钢筋套筒灌浆

预制装配式混凝土剪力墙结构中,通常采用钢筋套筒灌浆螺纹连接接头。首先,在预制墙板底部预埋套筒及钢筋直螺纹连接件;其次,在下层预制墙板顶部预埋连接钢筋,进行墙板安装作业时,将下层预制墙板顶部的钢筋插入上层墙板底部的套筒内;最后,对连接套筒进行灌浆处理,从而实现上下墙板钢筋的有效连接。

1)灌浆料的选择

灌浆料应满足《钢筋连接用套筒灌浆料》(JG/T 408—2019)的要求。灌浆料试块尺寸为 40 mm × 40 mm × 160 mm。灌浆料的现场试样复试,提前两个月安排。

2)注浆条件的保证

注浆之前,要进行清洁,可以提前一天用高压水枪冲洗。采用连通灌浆还需要划分灌浆区域,通常任意两个灌浆套筒的间距不超过 1.5 m。灌浆前,对预制构件底部缝隙进行封闭,封闭材料通常使用高强度砂浆,能承受 1.5 MPa 的灌浆压力,灌浆时压力达到 0.1 MPa。

3)注浆工艺及检验标准

每批次灌浆前需要测试砂浆的流度,按照流度仪的标准流程执行。流度一般应保证在 20~30 cm。流度仪为上端内径 75 mm、下端内径 85 mm、高 40 mm 的不锈钢材质试验环,灌浆料于搅拌混合后倒入测定。搅拌时间不少于 3 min,灌浆料搅拌后至灌浆完毕时间不超过 30 min。由套筒下方注浆口注入,当其他套筒的出浆口连续流出圆柱状浆液后及时进行封堵。当出现无法出浆的情况时,立即停止灌浆作业,查明原因及时封堵。钢筋水平连接时,灌浆套筒应各自独立灌浆,当灌浆孔、出浆孔的连接管的灌浆料均高于灌浆套筒外表面最高点时停止灌浆,及时封堵灌浆孔、出浆孔。

4)注浆方案

装配式剪力墙住宅结构,结合外三角支撑工具式脚手防护系统方案,预制外墙板在该层墙顶盖现浇混凝土的时间段进行套筒注浆,内墙部分注浆采用 n-1 方式滞后一层进行。装配式框架结构,当层柱的竖向套筒灌浆,在该层顶盖系统现浇时段进行,和现浇混凝土一同养护。

5)套筒灌浆作业前的注意事项

（1）预制墙板就位并校正完毕后,先对预制墙板构件的预留板缝进行细致清理,再将墙体表面浮浆、灰尘以及油污等彻底清理干净,同时,于灌浆前 24 h 用水对墙板内表面进行充分湿润。灌浆前应检查预制剪力墙与地梁或圈梁之间的缝隙是否堵死,灌浆设备是否完好可用以及灌浆配比仪器是否齐全、精度是否可靠等,准备一台小型发电机防止停电出现堵孔的情况,保证注浆的连续性。

（2）灌浆料的拌制量应以能够一次灌注至分仓处为宜,灌浆料的质量直接决定着灌浆质量与密实度,因此,灌浆料拌制时应严控加水量（加水量 =12% 干料量）。拌制时,应先加足水,再将 70% 灌浆干料加入并搅拌 1~2 min,加入剩余灌浆干料并搅拌 3~4 min,至灌浆料搅拌均匀。静置 2~3 min,将灌浆料内的空气充分排净后,加入专用灌浆泵内开始灌浆作业。

（3）灌浆作业时,应从一侧注浆孔灌入浆料,在出浆孔有浆料溢出时封堵并停止灌浆,从而便于设备基座与混凝土基础间的空气充分排出,使灌浆更加密实,需要注意的是,灌浆时严禁从四侧同时作业。

（4）整个灌浆过程中,须水平向上保持连续作业,严禁出现间断,同时应尽量压缩灌浆时间。另外,为确保灌浆后达到足够的强度,若完成灌浆作业后的环境温度高于 15 ℃,应确保 16 h 内不得对墙板构件进行振动、冲击等作业;若灌浆作业后的环境温度为 5~15 ℃,应确保 24 h 内不得对墙板构件开展较大扰动的作业;若灌浆作业后的环境温度低于 5 ℃,则须对预制构件连接处持续加热 48 h,加热温度不得低于 5 ℃,整个加热期间的前 24 h 内不得扰动构件。

（5）为确保灌浆料凝固后的强度满足预制墙板构件的相关标准要求,每个施工段现场均须制作并留置一组灌浆试块,灌浆作业时用三联强度模按照同样条件养护试块,并将完成制作的试块密封存储于连接处的实际环境温度条件下,按照标准养护 28 d 的灌浆试件,其抗拉强度应满足相关规范要求。

6)灌浆作业工艺流程

灌浆作业工艺流程:塞缝→封堵下排灌浆孔→拌制灌浆料→灌浆料检测→灌浆→封堵上排出浆孔→试块留置。

（1）塞缝:预制墙板校正完成后,使用塞缝料（塞缝料要求早强、塑性好,多采用干硬性水泥砂浆进行周边坐浆密封）将墙板其他三个面（外侧已贴橡胶条）与楼面间的缝隙填嵌密实。

（2）封堵下排灌浆孔:除插灌浆嘴的灌浆孔外,其他灌浆孔使用橡皮塞封堵密实。

（3）拌制灌浆料:灌浆应使用灌浆专用设备,并严格按设计规定配比方法配制灌浆料。将配制好的灌浆料搅拌均匀后倒入灌浆专用设备中,保证灌浆料的坍塌度。灌浆料拌合物应在制备后 0.5 h 内用完。

（4）灌浆料检测:检查拌合后的浆液流动度,保证流动度不小于 300 mm。

（5）灌浆:将拌合好的浆液导入注浆泵,启动灌浆泵,待灌浆泵嘴流出的浆液呈线状时,将灌浆泵嘴插入预制剪力墙预留的小孔洞(下方小孔洞)里,开始注浆。灌浆施工时的环境温度应在5 ℃以上,必要时,应对连接处采取保温加热措施,保证浆料在48 h凝结硬化过程中连接部位温度不低于10 ℃。灌浆后24 h内不得使构件和灌浆层受到振动、碰撞。灌浆操作全过程应由监理人员旁站。

(6)封堵上排出浆孔:灌浆时上排出浆孔会逐个漏出浆液,待浆液呈线状流出时,立即塞入专用橡皮塞堵住孔口,持压30 s后抽出下方小孔洞里的喷管,同时快速用专用橡皮塞堵住下口。其他预留孔洞依次喷满,不得漏喷,每个孔洞必须一次喷完,不得多次喷浆。

(7)试块留置:每个施工流水段制作3组标养试件送检,每组3个试块,试块规格为70.7 mm × 70.7 mm × 70.7 mm。3组胶砂三联试模规格为40 mm × 40 mm × 160 mm。

①灌浆过程中,第一个孔会消耗很多的灌浆料,这是因为预制剪力墙与地梁或圈梁之间存在缝隙,而灌浆孔距缝隙处还有一段小小的高差,所以灌浆料首先会充满灌浆孔以下部分,我们称之为"垫底"。

②预制外墙板承重区与非承重区使用的灌浆料性能要求不同。应将非承重区域的灌浆孔进行颜色的区分。

③灌浆过程中,如果耗时较长,应注意搅拌设备漏斗中的灌浆料,通过搅拌或者加入减水剂,使之达到合适的坍塌度(即达到配比要求的可流动性)和和易性;同时对没有倒入灌浆设备漏斗中的灌浆料也要进行搅拌或加入减水剂,使之达到合适的坍塌度,详见图3-32~图3-35。

图3-32 灌浆工具

图3-33 计量器具

图3-34 电钻式搅拌机

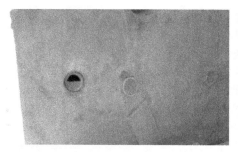
灌浆完成效果

灌浆密实度检验

图3-35 灌浆作业

9. 墙体拼缝、后浇带的钢筋绑扎

（1）外墙校正固定后，外墙板内侧用与预制外墙相同的保温板塞住预制外墙板与预制外墙间的缝隙，然后进行后浇带钢筋绑扎。

（2）安装时相邻墙体应连续依次安装，固定校正后及时对构件连接处的钢筋进行绑扎，以加强构件的整体牢固性。

10. 预制墙体斜向支撑拆除

预制墙体斜向支撑需在墙体后浇带侧模拆除后方可拆除（后浇带侧模需在混凝土强度能保证其表面及棱角不因拆除模板而受损后，方可拆除）。

11. 预制混凝土构件与现浇交接的施工

1）竖向结构预制混凝土构件与现浇的交接处

一般装配整体式结构，接合部位安排在梁板与柱接头处，采用现浇方式，墙与柱交接处，柱采用现浇，墙体与梁板交接处采用现浇，通常还采取锚固构造措施，如锚固头、套管灌浆、牛腿焊接等。

现在见到的除外挂板之外的施工图，预制混凝土构件与现浇柱的交接处，预制混凝土构件间的连接，预制混凝土构件与梁的连接，都采用现浇混凝土。这种交接部位，转角比较多，现浇混凝土模板可以采用定型模板，定型模板有木定型模板、钢木定型模板、铝定型模板等种类。

凡是钢筋混凝土一字形、T 形、L 形、十字形现浇节点，模板加固都使用对拉螺栓。在预制墙板时应留好对拉螺栓预留孔。

为了防止现浇混凝土、水泥浆从预制构件面和模板的接触面溢出，缝隙应采用软质材料封堵，如海绵条，避免漏浆。

2）水平结构预制混凝土构件与现浇的交接处

叠合板与叠合板之间的现浇连接，是密封拼接的，在板下使用密封胶带，避免漏浆；是整体式较大宽缝现浇连接的，板下使用独立支撑顶模施工（也要有密封胶条，避免漏浆），进一步简化，也可以使用预留螺母，采用吊模施工，或者使用可拆锥体吊模施工。

交接处施工时，钢筋锚固应按照设计图做到位。

3）竖向结构预制混凝土构件与水平结构预制混凝土构件的现浇交接处

墙上的现浇梁高与叠合楼板厚要大，墙上到板底常有一小段现浇，可以在墙靠上预留螺母，用于固定角模板，简化了施工。

12. 其他预制构件的安装和校正

（1）预制柱构件吊装，需要使用工具式斜撑对构件进行固定。斜撑两端分别固定在预制柱上方和下面楼板的预埋件上，所以要在柱构件和下面叠合现浇板上预先下好埋件以备用。斜撑是可以调节长度的，通过调节进行柱的垂直度调整，至满足要求后锁定。预制柱构件固定需要在三个侧面设置斜撑。斜撑上下各形成一个小组，上斜撑与楼板夹角通常可以取 45°~60°。

（2）预制墙板和柱的固定校正类似，也是采用斜撑，每道墙体要有两组斜撑固定，角度类似。

（3）预制梁吊装临时支撑采用工具式脚手架，如门式支撑架，吊装前需要进行标高测量。

（4）预制叠合板的临时支撑系统采用工具式脚手架，如支撑鹰架、门式支撑架，吊装前需要进行标高测量。或者如上面所述，再进一步简化（叠合板受力允许的情况下），使用边端角钢（或焊接角件）临时支撑系统，可以提高经济效益。

（5）阳台板的固定需要借助脚手架的竖向支撑，当阳台锚固筋的强度达到100%时，才能拆除竖向支撑脚手架。阳台的支撑脚手架，为了稳定，要配置水平杆件，配可调托撑。实际操作中，通常要保留下面三层的阳台竖向支撑脚手架。为了保证外脚手架的安全，每层脚手架都需要与内墙牢固拉结。

（6）独立设置的空调搁板，可以采用与阳台板类似的固定方式，在悬挑不大、空调板比较轻的情况下，支撑可以进一步简化，采用工具式三角支撑系统，锚固混凝土强度达到100%以后进行拆除。

（7）楼梯的固定方式比较简单，在通常的设计中，楼梯的一端为固定铰，另一端为滑动铰，两端会留孔，现浇板上预留螺栓。在吊装之前，楼梯板两端的梯梁水泥砂浆做好，平稳吊装就位后，自然稳当。

校正分为水平移动调节和竖向垂直度调节。柱墙先进行水平移动调节，按照测量放线来调整，在个别复杂区域，有必要弹测量辅助控制线，如外移200 mm再弹一道。垂直度可以通过架立线坠和斜撑杆来调整，简单有效。校正好以后，严禁工人再次旋动撑杆。

3.2.2.2 装配整体式剪力墙结构的防水与保温构造

1.预制板竖向拼缝防水和保温节点

预制板竖向拼缝防水和保温节点构造如图3-36所示。

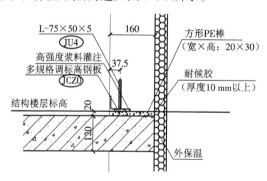

图3-36　预制板竖向拼缝防水和保温节点构造

2.凸窗板竖向拼缝防水和保温节点

凸窗板竖向拼缝防水和保温节点构造如图3-37所示。

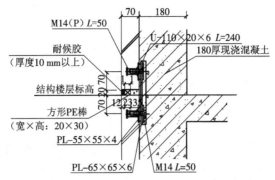

图 3-37　凸窗板竖向拼缝防水和保温节点构造

3. 现浇构件与预制平窗的连接构造

现浇构件与预制平窗的连接构造如图 3-38 所示。

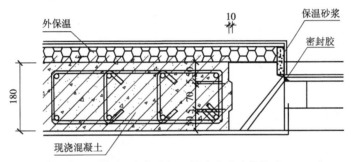

图 3-38　现浇构件与预制平窗的连接构造

4. 现浇构件与预制墙的连接

现浇构件与预制墙的连接构造如图 3-39 所示。

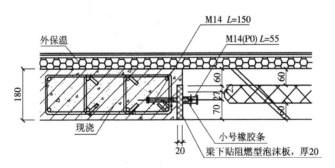

图 3-39　现浇构件与预制墙的连接构造

5. 凸窗边的防水及保温节点

凸窗边的防水及保温节点构造如图 3-40 所示。

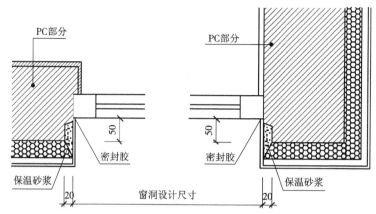

图 3-40 凸窗边的防水及保温节点构造

由于预制凸窗内侧还需浇捣混凝土,所以预制凸窗板内放置 PE 填充条和橡胶皮粘贴,以防止混凝土浇捣时漏浆。在主体结构施工完毕后进行密封胶施工。具体施工顺序为:预制凸窗板吊装前,先在下面一层板的顶部粘贴 20 mm × 30 mm PE 条,然后在垂直竖缝处填充直径 20 mm 的 PE 条,最后在 PCF 结构与预制凸窗结构之间粘贴橡胶皮,施工完成后再次进行密封胶施工(图 3-41)。

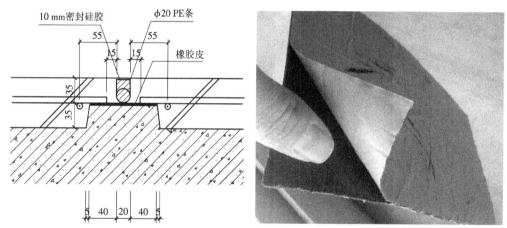

图 3-41 凸窗节点密封处理

6. 密封胶施工步骤

密封胶施工步骤:材料准备(纸箱的批号确认→罐的批号确认→涂布枪及金刮刀→平整刮刀)→除去异物→毛刷清理→干燥擦拭→溶剂擦拭→粘贴防护胶带→密封胶混合搅拌→向胶枪内填充→接缝填充及刮刀平整→去除防护胶带→使用工具清理。

7. 淋水试验方法

(1)按常规质量验收要求对外墙面、屋面、女儿墙进行淋水试验。

(2)喷嘴与接缝的距离为 300 mm。

(3)重点对准纵向、横向接缝以及窗框进行淋水试验。

（4）从最低水平接缝开始，然后是竖向接缝，接着是上面的水平接缝。

（5）注意事项：仔细检查预制构件的内部，如发现漏点，做出记号，找出原因，进行修补。

（6）喷水时间：每 1.5 m 接缝喷 5 min。

（7）喷嘴进口处的水压：210~240 kPa（预制面垂直，慢慢沿接缝移动喷嘴）。

（8）淋水试验结束以后观察墙体的内侧是否会出现渗漏现象，如无渗漏现象出现即认为墙面防水施工验收合格。

（9）淋水过程中在墙的内、外进行观察，做好记录。

3.3 装配式混凝土结构构件安装验收标准

构件吊装调节完毕后，须进行验收。预制构件安装过程中发现预留套筒与钢筋位置偏差较大等导致安装无法进行时，应立刻停止安装作业，将构件妥善放回原位，并及时报告监理设计单位拿出书面处理方案。严禁现场擅自对预制构件进行改动。

（1）柱子吊装前，应检查杯口尺寸、柱面中心线是否准确；柱子就位后，应用经纬仪校正，垂直度偏差不允许超过规定要求；柱子绑扎点应合理；当柱的强度达到 70% 后才允许运输，强度达到 100% 时，才允许吊装。

（2）校核梁的中心线和垂直度允许偏差；对大跨度梁或悬臂梁，为了防止负弯矩引起裂缝，应临时用木方加固等。

（3）屋架一侧应临时加固再扶直，另一侧加固后再起吊。

（4）各种板出厂前应进行质量检查，吊装前应进行复检；留足板缝，放好钢筋，浇灌混凝土应密实；安装悬臂板时，应加设支撑；板上预埋件不得突出板面等。

验收项目及标准如表 3-7 所示。

表 3-7　构件安装允许偏差和检验方法

项目		允许偏差（mm）	检验方法
墙板	中心线对定位轴线的位置	5	用钢尺检查
	垂直度	5	用经纬仪或吊线、钢尺检查
	模板拼缝高差	±5	用钢尺检查
外墙装饰面	板缝宽度	±5	用钢尺检查
	通长直线度	5	拉线或吊线，用钢尺检查
	接缝高差	3	用钢尺检查
楼板	平整度	5	2 m 靠尺和塞尺检查
	下表面标高	±5	拉线、用水准仪或钢尺检查

	项目	允许偏差（mm）	检验方法
梁	中心线对定位轴线的位置	5	用钢尺检查
	梁下表面标高	0 -5	拉线、用水准仪或钢尺检查
楼梯	水平位置	5	用钢尺检查
	标高	±5	拉线、用水准仪或钢尺检查
阳台	水平位置	5	用钢尺检查
	标高	±5	拉线、用水准仪或钢尺检查

3.4 装配式混凝土结构成品保护及安全保证措施

3.4.1 装配式混凝土结构的成品保护措施

1. 楼梯踏步

预制楼梯踏步使用胶合板铺装保护。

2. 阳台

阳台也能做成成品,这种情况下,表面和侧面选用胶合板铺盖。阳台锚固达到100%强度前,下面的支撑不能拆除。

3. 空调搁板

表面和侧面选用胶合板铺盖,锚固达到100%强度前,下面的支撑不能拆除。

4. 外立面线条等异型凸件

有大开洞窗口构件,需要增加临时的型钢支撑,防止构件在吊装过程中的不利受力状态下损坏。

如果使用反打工艺做了外饰面,则要保护贴膜;如果安装了窗框,则要用木板保护防止损坏。

3.4.2 装配式混凝土结构吊装的安全保证措施

在装配式结构的施工中,控制"人的不安全行为,物的不安全状态,作业环境的不安全因素和管理缺陷"是保证安全的重要措施。

1. 操作人员安全要求

（1）操作人员在作业前必须对工作现场环境、行驶道路、架空电线、建筑物以及构件重量和分布情况进行全面了解。

（2）现场施工负责人应为起重机作业提供足够的工作场地，清除或避开起重臂起落或回转半径内的障碍物。

（3）起重吊装的指挥人员必须持证上岗，作业时应与操作人员密切配合，执行规定的指挥信号。操作人员应按指挥人员的信号进行作业，当信号不清或错误时，操作人员可拒绝执行。

（4）操作人员应按规定的起重性能作业，不得超载。在特殊情况下需要超载使用时，必须经过验算，有保证安全的技术措施，并写出专题报告，经企业技术负责人批准，有专人在现场监护，方可作业。

2. 操作机具设备安全要求

吊装极大依赖起重机械，是装配式混凝土结构施工中的主要风险源之一，应遵守《塔式起重机安全规程》（GB 5144—2006）。塔吊需按照型号做基础施工，安装完后专项验收，通过后使用。

（1）塔吊严格按照规定操作。

每日检查：安全、防护装置，吊钩、吊钩螺母及防松装置，钢丝绳磨损情况，起升链条的磨损情况，吊索具情况，音响、照明情况，有无影响运行的障碍物等。

每周检查：电缆等电气情况，螺栓有无松动，电器绝缘，油压系统，减速系统等。定期维修保养（每半年一次）。

（2）各类起重机应装有音响清晰的喇叭、电铃或汽笛等信号装置。在起重臂、吊钩、平衡重等转动体上应标鲜明的色彩标志。

（3）起重机的变幅指示器、力矩限制器、起重量限制器以及各种行程限位开关等安全保护装置，应完好齐全、灵敏可靠，不得随意调整或拆除。严禁利用限制器和限位装置代替操纵机构。

（4）严禁使用起重机进行斜拉、斜吊和起吊地下埋设或凝固在地面上的重物以及其他不明重量的物体。

（5）重物起升和下降的速度应平稳、均匀，不得突然制动。左右回转应平稳，回转停稳前，不得做反向动作。

（6）严禁起吊重物长时间悬挂在空中，作业中遇突发故障，应采取措施将重物降落到安全的地方，并关闭发动机或切断电源后进行检修。突然停电时，应立即把所有控制器拨到零位，断开电源总开关，并采取措施使重物降落到地面。

（7）起重机不得靠近架空输电线路作业。起重机的任何部位与架空输电导线的安全距离不得小于规范规定。

（8）起重机使用的钢丝绳，应有钢丝绳制造厂签发的产品技术性能和质量证明文件。当无证明文件时，必须经过试验合格后方可使用。每班作业前，应检查钢丝绳及钢丝绳连接部位。达到报废标准时,应予以报废。

（9）进场施工之前进行安全教育和上岗培训,如预制构件吊装施工班组通过专业培训机构培训,焊接工、塔吊司机、电工、架子工等特殊工种都要有培训证。建立安全生产档案。

3. 施工工艺方法的保证

塔吊群组之间距离、高度布置合理,不会发生碰撞。

预制构件堆放在塔吊司机视线能看到的位置。吊装时,其他工种暂时停止作业。

吊装构件时,起吊至距地面约 50 cm 处静停,检查构件状态且确认吊绳、吊具安装连接无误后方可继续起吊,起吊要求缓慢匀速,保证构件边缘不被磕碰。吊装采用慢起、稳升、缓放的操作方式,系好缆风绳控制构件转动。

4. 现场作业条件的保证

结构和装修阶段的楼外楼内场地清理,每日跟进,每班跟进,清理到位。

制定安全技术规程、岗位操作规程,设置警示牌等。

有六级及以上大风、大雨、大雪或大雾等恶劣天气时,应停止起重吊装作业;雨雪过后,作业前应先试吊,确认制动器灵敏可靠后方可进行作业。

5. 材料的安全保证

1）吊索具

吊装机具设备必须完好符合要求。采用专用预制混凝土吊装梁吊装,特殊构件需要使用框架式吊装梁起吊。吊索的安全系数取 6~8。不合格绳索及时淘汰。

2）外架用料

在高层结构施工阶段,如果外墙全部为预制墙板,则外架选用轻便的三角式外挂架,两层配置,其具有组装简单、安拆灵活、安全性高、周转次数高等特点。采用 8# 槽钢焊接架体,防护采用普通钢管加密目钢丝网,扣件采用普通直角扣件。固定墙体可以配备 M24 高强螺栓。

3）支撑固定件

墙柱的固定件采用预埋螺杆(优于预埋螺母),用斜撑固定。叠合楼板采用焊接角件支托,两端设置。叠合梁采用工具式门式支撑架。

3.5 装配式混凝土结构预制构件安装图解

3.5.1 预制外墙板施工

1. 外墙装配构件施工流程

（1）装配式构件进场质量检查、编号,按吊装流程清点数量(图 3-42)。

装配式建筑施工
工艺流程

图 3-42　预制构件进场

（2）逐块吊装的装配构件搁（放）置点清理，按标高控制线调整螺丝，粘贴止水条（图 3-43）。

图 3-43　预制构件吊装准备

（3）按编号和吊装流程对照轴线、墙板控制线逐块就位，设置墙板与楼板限位装置，做好板墙内侧加固（层与层、板与板之间均需要加强连接，图 3-44）。

图 3-44　预制墙板加固

75

（4）设置构件支撑及临时固定（图3-45），在施工过程中板—板连接件应按图纸要求安装，调节墙板垂直尺寸时，板内斜撑杆以一根调整垂直度，待矫正完毕后再紧固另一根，不可两根均在紧固状态下进行调整。改变以往预制混凝土结构采用螺栓微调标高的方法，可采用1 mm、3 mm、5 mm、10 mm、20 mm等型号的钢垫片。

外墙板加固件

平板连接件

塑料垫块

校正垫块

临时支撑

图3-45　预制墙板临时支撑

①预制墙板的临时支撑系统由长、短斜向可调节螺杆组成。

②根据给定的水准标高、控制轴线引出层水平标高线、轴线，然后按水平标高线、轴线安装板下搁置件。板墙垫灰采用硬垫块软砂浆方式，即在板墙底按控制标高放置与墙厚尺寸相同的硬垫块，然后沿板墙底铺砂浆，预制墙板一次吊装，坐落其上。

③吊装就位后，采用靠尺检验挂板的垂直度，如有偏差可调节斜拉杆进行调整。

④预制墙板通过多规格钢垫片进行调控施工，多规格标高钢垫块尺寸为40 mm×40 mm×（1 mm、3 mm、5 mm、10 mm、20 mm），其承重强度按Ⅱ级钢计算。

⑤预制墙板安装、固定后，再按结构层施工工序进行后一道工序施工。

（5）塔吊吊点脱钩，进行下一墙板安装，重复以上步骤（图3-46）。

图 3-46　预制墙板重复吊装

（6）楼层浇捣混凝土完成,混凝土强度达到设计、规范要求后,拆除构件支撑及临时固定点。

3.5.2　阳台板安装流程

1. 预制阳台板安装流程

（1）阳台板进场、编号,按吊装流程清点数量。

（2）搭设临时固定与搁置排架（图 3-47）。

图 3-47　预制阳台临时固定

（3）控制标高与阳台板板身线（图 3-48）。

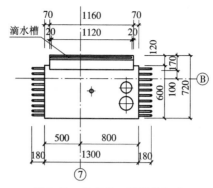

图 3-48 依照施工图调整标高

（4）按编号和吊装流程将阳台板逐块安装就位（图 3-49）。

图 3-49 阳台板安装就位

（5）塔吊吊点脱钩，进行下一阳台板安装，并重复以上步骤（图 3-50）。

图 3-50 阳台板重复吊装

（6）楼层浇捣混凝土完成，混凝土强度达到设计、规范要求后，拆除构件临时固定点与搁置排架(图 3-51)。

图 3-51　拆除阳台板临时固定点

2. 叠合阳台板施工方法

(1)叠合阳台板施工前,按照设计施工图,由木工翻样绘制出叠合阳台板加工图,工厂按该图深化后,进行批量生产。该构件运送至施工现场后,由塔吊吊运到楼层上铺放。

(2)阳台板吊放前,先搭设叠合阳台板排架,排架面铺放 2 m × 4 m 木板,确保水平。

(3)阳台板钢筋插入主体 180 mm,按设计要求,伸入钢筋的部分须焊接。

(4)阳台板安装、固定后,再按结构层施工工序进行后一道工序施工。

3.5.3　预制楼梯安装流程

(1)楼梯进场、编号(图 3-52),按各单元和楼层清点数量。

图 3-52　预制楼梯编号

（2）楼梯采用吊装方法，当层预制外墙板等吊装完成后，开始楼梯平台排架搭设，模板安装完成后，开始第一块预制楼梯吊装，楼面模板排架完成后开始第二块预制楼梯吊装，上层预制楼梯预留出楼梯锚固筋位置，待楼梯平台模板（上层）安装完成后吊装。

楼梯安装顺序：剪力墙、休息平台浇筑→楼梯吊装→锚固灌浆。

图 3-53　预制楼梯安装

（3）施工一定要从楼梯井一侧慢慢倾斜吊装施工，楼梯采用上、下端搁置锚固固定，伸出的钢筋锚固于现浇楼板内，标高控制与楼梯位置微调完成后，预留施工空隙采用商品水泥砂浆填实。

（4）按编号和吊装流程，逐块安装就位（图 3-54）。

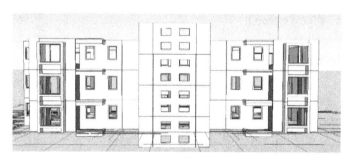

图 3-54　预制楼梯逐块安装

（5）塔吊吊点脱钩，重复以上步骤（图 3-55）。

图 3-55　预制楼梯重复吊装

思考题

1. 简述装配式混凝土单层厂房结构主体施工工艺。
2. 简述装配式混凝土多高层框架结构主体施工工艺。
3. 试述钢筋套筒灌浆连接施工方法。
4. 简述整体装配式框架结构的施工工艺流程。

拓展题

思考装配式混凝土剪力墙结构的施工工艺要求。

习　题

1. 结构安装工程具有(　　　　)、(　　　　)、(　　　　)、安装机械化等优点。
2. 装配式混凝土结构可分为(　　　　)和(　　　　)。
3. 整体装配式框架结构具有施工效率高、(　　　)、(　　　)、(　　　)、(　　　)等优势。
4. 钢筋混凝土预制构件的起运强度不得低于设计强度等级的(　　　)。运输过程中构件不能产生过大变形,也不得发生倾倒或损坏。
5. 柱的吊装方法分为(　　　)和(　　　),或者分为旋转法和滑行法。
6. 屋架起吊的吊索绑扎点应选择在(　　　)且左右对称。吊索与水平线的夹角不宜小于 45°。
7. 柱轴线允许偏差必须满足(　　　　　)的要求,测量控制按由高至低的级别进行,允许偏差不得大于(　　　)mm。
8. 每层标高允许误差不大于(　　　)mm,全部标高允许误差不大于(　　　)mm。
9. 现浇混凝土柱在浇筑完成后再进行一次垂直度的监测,最终监测结果不得大于(　　　)mm。
10. 装配整体式结构一般依照(　　　　　　　)的安装顺序进行施工。
11. 墙体下落至稳定且复核预制墙板垂直度、标高准确无误后,便可进行固定斜撑的安装。先斜撑与竖向呈(　　　),且每个墙板安设不少于(　　　)个斜撑。
12. 每批次灌浆前需要测试砂浆的(　　　),按照流度仪的标准流程执行。流度一般应保证在 20~30 cm。流度仪为上端内径 75 mm、下端内径 85 mm、高 40 mm 的不锈钢材质试验环,灌浆料于搅拌混合后倒入测定。搅拌时间不少于(　　　)min,灌浆料搅拌后至灌浆完毕时间不超过(　　　)min。
13. 整个灌浆过程中,须水平向上保持连续作业,严禁(　　　),同时应尽量压缩灌浆时间。
14. 每个施工流水段制作(　　　)组标养试件送检。
15. 空调搁板表面和侧面选用胶合板铺盖,锚固达到(　　　)强度前,下面支撑不能拆除。

第4章 装配式混凝土结构的管线安装施工

知识目标

1. 熟悉设备与管线系统设置的原则与规定。
2. 掌握给排水及供暖系统设置的基本要求及施工、安装流程。
3. 掌握通风、空调及燃气系统设置的基本要求及施工流程。
4. 掌握电气和智能化系统设置的基本要求及施工流程。
5. 熟悉整体厨房、卫生间安装的基本要求。

能力目标

使学生具有装配式混凝土结构设备与管线系统施工的能力;具有职业岗位中装配式混凝土结构设备与管线系统施工相关工作过程的技术指导、质量检查和简单的事故分析与处理能力;具有独立学习、独立工作的能力;具有职业岗位所需的合作、交流等能力。

装配式机电安装
现场视频

4.1　设备与管线系统

装配式混凝土建筑的设备与管线宜与主体结构相分离,方便维修更换,且不影响主体结构安全。同时,设备与管线设计应与建筑设计同步进行,预留预埋应满足结构专业的相关要求。

装配式混凝土建筑的设备与管线工程应按照审查批准的工程设计文件和施工技术标准施工,施工前必须进行深化设计,深化设计时应与建筑、结构、装饰等专业以及装配式预制构件生产厂商进行协调,同时应满足机电各系统使用功能、运行安全、维修管理等要求。装配式混凝土建筑的机电管线安装,应与主体结构同步进行;在安装部位的主体结构验收合格后再进行机电管线的敷设。

4.1.1　设备与管线设置的基本原则

装配式混凝土建筑的设备与管线应选型合理,定位准确。给排水、燃气、供暖、通风和空调系统的设备与管线受条件限制必须暗埋或穿越预制构件时,横向布置的设备与管道应结合建筑垫层设计,也可在预制梁及墙板内预留孔、洞或套管;竖向布置的设备与管道需在预制构件中预留沟、槽、孔洞。但应注意,不得在安装完成后的预制构件上剔凿沟槽、打孔开洞等。

电气竖向管线宜集中敷设,满足维修更换的需要,当竖向管道穿越预制构件或设备暗敷于预制构件时,需在预制构件中预留沟、槽、孔洞或者套管;电气水平管线宜在架空层或吊顶内敷设,当受条件限制必须暗埋时,宜敷设在现浇层或建筑垫层内,如果没有现浇层且建筑垫层又不满足管线暗埋要求时,需在预制构件中预留相应的套管和接线盒。

4.1.2　设备与管线设置的一般规定

1. 宜在架空层或吊顶内设置
设备与管线的施工需要满足可变性原则、连接原则及独立、分离原则。

1)可变性原则
可变性原则是指可对房间的大小及户型布置进行调整更改。将住宅的居住领域与厨、厕、浴等用水区域分开,通过提高居住区域的可变自由度,居住者可以根据自己的爱好和生活方式进行分割,也可配合老龄化带来的生活方式的变化进行变更,让住宅具有长期的适应性。

2)连接原则
连接原则是指在不损伤住宅本体的前提下更换部品,将构成住宅的各种构件和部品等按照耐用年限进行分类,设计上应该考虑更换耐用年限短的部品时不能让墙板和楼板等耐用年限长的构件受到损伤,以此决定安装的方法和采取方便修理的措施。

3)独立、分离原则

独立、分离原则是指预留单独的配管和配线空间,不把管线埋入结构体内,从而方便检查、更换和追加新的设备。

在现浇混凝土结构中,我国目前的一般做法是将设备与管线预埋在楼板或墙板混凝土中,在装配式混凝土结构中也延续了这种做法,采用叠合板作为楼板时,叠合楼板现浇层很薄,而纵横交错的管线埋设对楼盖的受力非常不利,而且管线后期的维修、更换会对主体结构造成损坏,对结构安全性有一定影响。图 4-1~图 4-5 是不同功能空间的管线安装示意。

图 4-1　叠合板内穿插管线

图 4-2　预制楼板上安装的管线

图 4-3　卫生间天花板配线

图 4-4　公共走廊管线

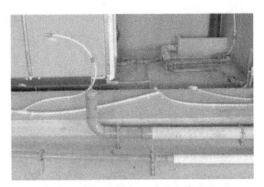

图 4-5　卫生间同层排水管线

2. 宜采用工厂化预制加工,现场装配式安装

装配式混凝土建筑的设备与管线设计宜采用建筑信息模型(BIM)技术,当进行碰撞检查时,应明确被检测模型的精细度、碰撞检测范围及规则,同时宜采用集成化、标准化设计。

装配式混凝土建筑的设备与管线宜采用工厂化预制加工,现场装配式安装。建筑部品与配管连接、配管与主管道连接及部品间连接应采用标准化接口,且应方便安装与使用维护。

在进行预制工作前,应用 BIM 技术建立三维模型和绘制预制加工图,各种接头或连接宜选用法兰连接、螺纹连接、卡箍连接等非焊接、非热熔性接口,便于现场装配安装。如为便于日后管道维修拆卸,给水系统的给水立管与部品配水管道的接口宜设置内螺纹式活接头。实际工程中由于未采用活接头,在遇到有拆卸要求的检修时,只能采取断管措施,增加了不必要的工作量。

3. 宜采用预留埋件或管件的连接方式

装配式混凝土建筑的设备与管线需要与预制构件连接时,宜采用预留埋件或管件的连接方式。当采用其他连接方法时,不得影响预制构件的完整性与结构的安全性。

(1)预制构件中电气接口及吊挂配件的孔洞、沟槽应根据装修和设备要求预留(图 4-6)。预制结构中宜预埋管线或预留沟、槽、孔、洞的位置,预留预埋应遵守结构设计模数网格,不应在维护结构安装后凿剔沟、槽、孔、洞。预制墙板中应预留空调室内机、热水器的接口及其吊挂配件的孔洞、沟槽,并与预制墙板可靠连接。墙板上预留配电箱、弱电箱等的洞口,或局部采用砌块墙体,并与预制墙板可靠拉结。

(2)公共管线、阀门、检修口、计量仪表、电表箱、配电箱、智能化配线箱等,应统一集中设置在公共区域。下列设施不应设置在住宅套内,应设置在公用空间内。

①公共的管道,包括给水总立管、消防立管、雨水立管、采暖(空调)供回水总立管与配电和弱电干线(管)等,设置在开敞式阳台的雨水立管除外;公共的管道阀门、电气设备和用于总体调节和检修的部件,户内排水立管检修口除外;采暖管沟和电缆沟的检查孔。

图 4-6　预制构件预留孔洞图示

②住宅共用管道、设备、部件如设置在住宅套内,不仅占用套内面积、影响套内空间使用,而且住户在装修时往往将管道加以隐蔽,给维修和管理带来不便。在其他住户发生事故需要关闭检修时,因户内无人导致不能进行正常维修,无法满足日后维修和管理的需求。

(3)穿越结构变形缝时,应根据具体情况采取加装伸缩器、预留空间等保护措施。

①电线、电缆、可燃气体等管道不宜穿过建筑物变形缝,确实需要穿过时,应在穿过处加设不燃材料制作的套管或采取其他防止变形的措施,并应采用防火封堵材料封堵。

②给排水管道穿过结构伸缩缝、抗震缝及沉降缝敷设时,应根据情况采取下列措施。

a. 管道穿越结构变形缝处应设置金属柔性短管(如图 4-7、图 4-8 所示),金属柔性短管与变形缝墙体内侧的距离不应小于 300 mm,长度宜为 150~300 mm,并应满足结构变形的要求,其保温性能应符合管道系统功能要求。

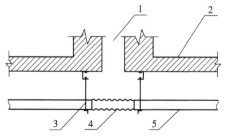

图 4-7　水管穿过结构变形缝空间安装

1—结构变形缝;2—楼板;3—吊架;

4—柔性短管;5—水管

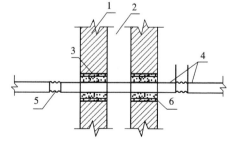

图 4-8　水管穿过结构变形缝墙体安装

1—墙体;2—变形缝;3—套管;4—水管;

5—柔性短管;6—填充柔性材料

b. 在管道或保温层外皮上、下部留有不小于 150 mm 的净空。

c. 在穿墙处做成方形补偿器,水平安装。

4. 应采取防水、隔声、密封等措施

管道穿越楼板和墙体时,应采取防水、隔声、密封等措施,防火封堵应符合现行国家标准《建筑设计防火规范》(GB 50016—2014)的有关规定。

4.2　给排水及供暖系统

装配式混凝土建筑应选用耐腐蚀、使用寿命长、降噪性能好、便于安装及维修的管材、管件,以及连接可靠、密封性能好的管道阀门设备。

4.2.1　给排水系统设置的一般规定

装配式混凝土建筑冲厕宜采用非传统水源,水质应符合现行国家标准《城市污水再生利用 城市杂用水水质》(GB/T 18920—2020)的有关规定。

1. 装配式混凝土建筑给水系统设计

(1)给水系统配水管道与部品的接口形式及位置应便于检修更换,并应采取措施避免结构或温度变形对给水管道接口产生影响。

(2)给水分水器与用水器具的管道接口应一对一连接,在架空层或吊顶内敷设时,中间不得有连接配件,分水器设置位置应便于检修,并宜有排水措施。

(3)宜采用装配式的管线及配件连接。

(4)敷设在吊顶或楼地面架空层的给水管道应采取防腐蚀、隔声减噪和防结露等措施。

2. 装配式混凝土建筑排水系统设计

装配式混凝土建筑的排水系统宜采用同层排水技术,同层排水管道敷设在架空层时,宜采取积水排出措施。

4.2.2　供暖系统设置的一般规定

(1)供暖系统宜采用适宜干式工法施工的低温地板辐射供暖产品。

(2)当墙板或楼板上安装供暖与空调设备时,其连接处应采取加强措施。

(3)采用集成式卫生间或采用同层排水架空地板时,不宜采用低温地板辐射供暖系统。

(4)装配式混凝土建筑的暖通空调、防排烟设备及管线系统应协同设计,并应可靠连接。

4.2.3　给排水及供暖系统施工工艺流程

装配式混凝土建筑的给排水及供暖系统施工工艺流程如图4-9所示。

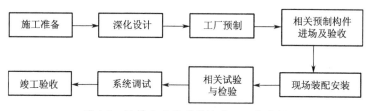

图4-9　给排水及供暖系统施工工艺流程

装配式混凝土建筑给排水及供暖系统设备与管线受条件限制必须暗敷时,宜敷设在建筑垫层内,同时需满足以下要求。

(1)埋设在楼板建筑垫层内或沿预制墙体敷设在管槽内的管道,因受垫层厚度或预制墙板钢筋保护层厚度(通常为15 mm)限制,一般外径不宜大于25 mm。

(2)敷设在垫层或墙体管槽内的给水管材宜采用塑料、塑料复合管材或耐腐蚀的金属管材。

(3)敷设在垫层或墙体管槽内的管材,不得有卡套式或卡环式接口,柔性管材宜采用分水器向各卫生器具配水,中途不得有连接配件,两端接口应明露。

4.2.4　给排水及供暖系统施工注意事项

(1)装配式混凝土建筑给排水及供暖系统设备与管线必须穿越预制构件时,应预留套管或孔洞,预留的位置应准确且不应影响结构安全。给排水、供暖系统设计应与建筑设计同步,预留预埋应满足结构专业相关要求,不得在安装完成后的预制构件上剔凿沟槽、打洞开孔等。穿越楼板管线较多且集中的区域可采用现浇楼板。

(2)装配式混凝土建筑给排水及供暖系统设备与管线在相应的预制构件上应预埋用于支吊架安装的埋件。预制构件上为管线、设备及其吊挂配件预留的孔洞、沟槽宜选择对构件受力影响较小的部位,并应确保受力钢筋不被破坏,当条件受限无法满足上述要求时,建筑和结构专业应采取相应的处理措施。设计过程中设备专业应与建筑和结构专业密切沟通,防止遗漏,避免后期对预制构件的凿剔。

(3)装配式混凝土建筑给排水及供暖系统设备与管线的建筑部件与设备之间的连接宜采用标准化接口,给水系统的立管与部品水平管道的接口应采用活接式连接。

(4)卫生间宜采用同层排水方式,给水、供暖水平管线宜暗敷于本层地面下的垫层中。同层排水管道设置在架空层时,宜采取积水排出措施。住宅卫生间采用同层排水,即器具排水管及排水支管不穿越本层结构楼板到下层空间、与卫生器具同层敷设并接入排水立管的排水系统。器具排水管与排水支管沿墙体敷设或敷设在结构楼板与最终装饰地面之间,此种排水管设置方式有效地避免了上层住户卫生间管道故障检修、卫生间地面渗漏及排水器具楼面排水管处渗漏对下层住户的影响。

（5）污水、废水排水横管宜设置在本层套内,当敷设于下一层的套内空间时,其清扫口应设在本层,并应进行夏季管道外壁结露验算和采取相应的防结露措施。

（6）装配式混凝土建筑给排水及供暖系统设备及其管线和预留洞口(管道井)设计应做到构配件规格标准化和模数化。

（7）太阳能热水系统安装应考虑与建筑的一体化设计,做好预留预埋。实际工程中,太阳能集热系统或储水器都是在建筑结构主体完成后再由太阳能设备厂家安装到位,剔凿预制构件难以避免,尤其是对于安装在预制阳台墙板上的集热器与储水器,因此规定需做好预埋件。这就要求在太阳能系统施工中一定要考虑与建筑的一体化建设。为保证在建筑使用寿命期内安装牢固可靠,集热器与储水器在后期安装时不允许使用膨胀螺丝。

（8）装配式混凝土建筑给排水及供暖系统设备与管线深化设计时,当设备管线受条件限制必须暗敷时,应结合建筑叠合楼板现浇层以及建筑垫层进行设计;当管线必须穿越预制构件时,预制构件内可预留套管或孔洞,但预留的位置不得影响结构安全。如有影响因素可能存在,必须有补强措施设计或说明,以保证结构的安全可靠性。

（9）给水系统宜采用装配式管道及其配件连接。为便于管道维修拆卸,要求给水系统的给水立管与部品水平管道的接口采用活接式连接。

（10）供暖系统主干供、回水采用水平同层敷设或多排多层设计时,宜采用工厂模块化预制加工、装配成组并编码标识。

4.2.5　给排水系统设备与管道安装要求

给排水系统管道连接方式应符合设计要求,当设计无要求时,其连接方式应符合相关的施工工艺标准,新型材料宜按产品说明书要求的方式连接。

集成式卫生间的同层排水管道和给水管道,均应在设计预留的安装空间内敷设,同时预留与外部管道接口的位置并做出明显标识。

集成式卫生间的给水总管预留接口宜在卫生间顶部贴土建顶板下部敷设,当排水管道为同层排水时,立管三通接口下端距离集成式卫生间安装楼面 20 mm。施工时应预留和明示给排水管道的接口位置,并预留足够的操作空间,便于后期外部设备安装到位。

同层排水管道安装采用整体装配式时,其排水管道应采用支架进行固定,同时支架应固定在楼板上。

给水系统、排水系统、供暖系统主干供、回水采用水平同层敷设管路设计时,应充分考虑施工、安装、更换能够在快捷方便的条件下完成,目的是充分保证质量。当水平敷设相关管路采取多排多层设计时,应采取模块化预制,把支吊架同管路装配为整体模块,有利于实施装配式安装。吹扫和压力检验合格后构件方可出厂。

成排管道或设备应在设计安装的预制构件上预埋用于支吊架安装的埋件,且预埋件与支架、部件应采用机械连接。

4.2.6 供暖系统设备与管道安装要求

装配整体式居住建筑设置供暖系统,供、回水主立管的专用管道井或通廊应预留进户用供暖水管的孔洞或预埋套管。

装配整体式建筑户内供暖系统的供、回水管道应敷设在架空地板内,并且管道应进行保温处理。当无架空地板时,供暖管道应进行保温处理后敷设在装配式建筑的地板沟槽内。

隐蔽在装饰墙体内的管道,其安装应牢固可靠,管道安装部位的装饰结构应采取方便更换、维修的措施。

采用散热器供暖系统的装配式建筑,散热器的挂件或可连接挂件的预埋件应预埋在实体墙上。当采用预留孔洞安装散热器挂件时,预留孔洞的深度应不小于 120 mm。

当采用散热器供暖时,散热器安装应牢固可靠,安装在轻钢龙骨隔墙上时,应采取隐蔽支架固定在结构受力件上;安装在预制复合墙上时,其挂件应预埋在实体结构上,挂件应满足刚度要求。

4.3 通风、空调及燃气系统

4.3.1 通风、空调及燃气系统设置的一般规定

(1)装配式混凝土建筑的室内通风设计应符合国家现行标准《民用建筑供暖通风与空气调节设计规范》(GB 50736—2012)和《建筑通风效果测试与评价标准》(JGJ/T 309—2013)的有关规定。

(2)装配式混凝土建筑应采用适宜的节能技术,维持良好的热舒适性,降低建筑能耗,减少环境污染,并充分利用自然通风。

(3)装配式混凝土建筑的通风、供暖和空调等设备均应选用能效比高的节能型产品,以降低能耗。

(4)装配式混凝土建筑的燃气系统设计应符合现行国家标准《城镇燃气设计规范》(GB 50028—2006)的有关规定。

4.3.2 通风、空调及燃气系统施工工艺流程

装配式混凝土建筑通风、空调及燃气系统的施工工艺流程如图 4-10 所示。

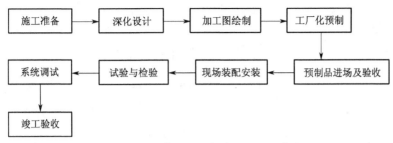

图 4-10　通风、空调及燃气系统施工工艺流程

装配式混凝土建筑的通风、空调及燃气系统设备与管线深化设计应符合下列要求。

（1）管线平面布置应避免交叉，合理使用空间，设备管线及相关点位接口的布置位置应方便维修更换，且在维修更换时不应影响主体结构安全。

（2）通风空调工程所采用的设备及部件目前很多都不是标准产品。在施工图设计阶段，所采用的材料设备的尺寸是参考相关标准、某些产品样本或相关技术资料初步确定的。进入工程施工阶段后，实际采购的材料设备的真实尺寸极有可能与设计阶段所采用的设计尺寸不同。若不以实际采购的材料设备的真实尺寸进行 BIM 建模并根据实际情况的变化进行不断调整，将会导致 BIM 模型中的尺寸错误。当基于错误的尺寸进行深化设计和预制加工时，必然会导致工程施工的错误和返工。因此对材料设备的真实尺寸进行核实，并以此为基础开展后续工作是非常必要的。另外，建筑结构和预留预埋尺寸的实测复核也非常必要，应该配备满足需要的测量手段，为预制加工和后续安装提供数据支持。应绘制预埋套管、预留孔洞、预埋件布置图，向建筑结构专业准确提供预留预埋参数，协助建筑结构专业完成建筑结构预制件加工图的绘制。

（3）当在结构梁上预留穿越风管水管（或冷媒管）的孔洞时，应与结构专业密切配合，向结构专业提供准确的孔洞尺寸或预埋管件位置，由结构专业核算后，在构件加工时进行预制。

（4）应进行管道、设备支架设计，正确选用支架形式，优先选用综合支吊架，确定间距布置及固定方式，支吊架所需的固定点宜在建筑预制构件中预留支吊架预埋件；支吊架设计宜与其他机电专业协同进行，除满足各专业本身要求外，在各专业管线互不影响的情况下，尽量共用综合支吊架，以达到美观、使建筑的利用空间最大化、节约成本的目的。

（5）装配式居住建筑的卧室、起居室的外墙应预埋空调器冷媒管和凝结水管的穿墙套管。

（6）装配式居住建筑中设置机械通风或户内中央空调系统时，宜在结构梁上预留穿越风管水管（或冷媒管）的孔洞。

（7）通风、空调系统预留预埋应符合：预留套管的形式及规格应符合本专业相关现行标准的要求；预留套管应按设计图纸中管道的定位、标高同时结合装饰、结构专业，绘制预留图，在结构预制构件上的预留预埋应在预制构件厂内完成，并进行质量验收。

4.4 电气和智能化系统

4.4.1 电气和智能化系统设置的一般规定

（1）装配式混凝土建筑的电气和智能化系统设备与管线的设计，应满足预制构件工厂化生产、施工安装及使用维护的要求。

（2）装配式混凝土建筑的电气和智能化系统设备与管线设置及安装应符合下列规定。

①电气和智能化系统的竖向主干线应在公共区域的电气竖井内设置。

②配电箱、智能化配线箱不宜安装在预制构件上。

③当大型灯具、桥架、母线、配电设备等安装在预制构件上时，应采用预留预埋件固定。

④设置在预制构件上的接线盒、连接管等应做预留，出线口和接线盒应准确定位。

⑤不应在预制构件受力部位和节点连接区域设置孔洞及接线盒，隔墙两侧的电气和智能化系统设备不应直接连通设置。

（3）装配式混凝土建筑的防雷设计应符合下列规定。

①当利用预制剪力墙、预制柱内的部分钢筋作为防雷引下线时，预制构件内作为防雷引下线的钢筋，应在构件接缝处进行可靠的电气连接，并在构件接缝处预留施工空间及条件，连接部位应有永久性明显标记。

②建筑外墙上的金属管道、栏杆、门窗等金属物需要与防雷装置连接时，应与相关预制构件内部的金属件连接成电气通路。

③设置等电位连接的场所，各构件内的钢筋应进行可靠的电气连接，并与等电位连接箱连通。

4.4.2 电气和智能化系统施工工艺流程

装配式混凝土建筑电气和智能化系统的施工工艺流程如图 4-11 所示。

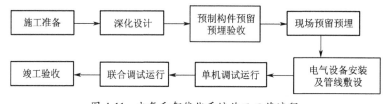

图 4-11　电气和智能化系统施工工艺流程

装配式混凝土建筑的电气和智能化系统的设备与管线深化设计应符合以下规定。

（1）宜采用包括 BIM 技术在内的多种技术手段协同其他机电专业完成管线综合排布

（图 4-12），满足结构深化设计要求，对结构预制构件内的电气和智能化系统设备、管线和预留洞槽等准确定位，减少管线交叉。利用 BIM 技术，各专业通过相关的三维设计软件协同工作，能够最大限度地提高设计速度。建立各专业间共享数据平台，实现各个专业的有机合作，提高图纸质量。在深化设计中，主要是应用 BIM 技术将建筑、结构、机电模型整合，配合检查设计中存在的问题，起到碰撞检测、管线综合以及对复杂空间定位的作用。

（2）当电气和智能化系统管线受条件限制必须暗敷时，宜敷设在现浇层或建筑垫层内，并应符合现行有关规范的要求。保护层厚度为线缆保护导管外侧与建筑物、构筑物表面的距离。消防线路暗敷时，应敷设在非燃烧体的结构层内，其保护层厚度不小于 30 mm，因管线在混凝土内可以起保护作用，能防止火灾发生时消防控制、通信和警报、传输线路的中断。

（3）配电箱等电气设备不宜安装在预制构件内。当无法避免时，应根据建筑结构形式合理选择电气设备的安装形式及进出管线的敷设方式。

图 4-12　BIM 技术管线综合应用

（4）预制墙体上的预留孔洞和管线应与建筑模数、结构部品及构件等相协调，同类电气设备与管线的尺寸及安装位置应规范统一，在预制构件上进行准确和标准化定位（图 4-13）。

（5）不应在预制构件受力部位和节点连接区域设置孔洞及接线盒，隔墙两侧的电气和智能化系统设备不应直接连通设置。

（6）当大型灯具、桥架、母线、配电设备等安装在预制构件上时，应采用预埋件固定。

（7）集成式厨房、卫生间相应的机电管线、等电位连接、接口及设备应预留安装位置，配置到位。集成式厨房、卫生间是系统配套与组合技术的集成，该产品在工厂预制，现场直接安装。装配式混凝土建筑的电气设备应根据集成式厨房、卫生间的不同电器设备要求，确定电源、电话、网络、电视等需求，并应结合电气设备的位置和高度，机电管线、等电位连接、接口及设备预留安装位置，配置到位。

图 4-13　装配式施工现场管线布置

4.5　整体厨房、卫生间安装

4.5.1　施工专项方案

整体卫生间施工安装前应结合工程的施工组织设计文件及相关资料制订施工专项方案,包括以下内容。

（1）设计布置图、产品型号、材质及特点说明。

（2）施工安装方案:施工安装人员、机械机具组织调配、现场布置、安装工艺要求、安装顺序、工期进度要求。

（3）施工安装界面条件:空间尺寸、管线安装预留、现场条件要求。

（4）施工安装工序的检查、验收要求,成品保护以及质量保证的措施,安全、文明施工及环保措施要求等。

（5）整体卫生间的施工安装应与土建工程及内装系统的施工工序进行整体统筹协调;当条件具备时,整体卫生间宜先于外围合墙体安装。

（6）整体卫生间在工程施工前宜先进行样板间的试安装工作。

（7）整体卫生间的施工现场环境温度不宜低于 5 ℃；当需要在低于 5 ℃的环境下安装时，应采取冬期施工措施。

（8）整体卫生间安装过程中，应对已完成工序的半成品及成品进行保护。

图 4-14 所示为整体卫生间工厂加工成型图示。

图 4-14　整体卫生间工厂加工成型图示

4.5.2　施工前准备

（1）整体卫生间安装作业前，安装界面所具备的条件应验收合格并交接。

（2）整体卫生间安装前的准备工作应符合下列规定。

①整体卫生间产品应进行进场验收，应检查产品合格证、检验报告。

②应复核整体卫生间安装位置线，并应在现场做好明显标识。

（3）整体卫生间的安装地面应按设计要求完成施工。

（4）与整体卫生间连接的管线应敷设至安装要求位置，并应验收合格。

4.5.3　装配安装

1. 现场装配式整体卫生间

现场装配式整体卫生间（图 4-15）按下列顺序安装。

（1）按设计要求确定防水盘标高。

（2）安装防水盘，连接排水管。

（3）安装壁板，连接管线。

（4）安装顶板，连接电气设备。

（5）安装门、窗套等收口。

（6）安装内部洁具及功能配件。

（7）清洁、自检、报检和成品保护。

图 4-15　整体卫生间

防水盘的安装应符合下列规定。

（1）底盘的高度及水平位置应调整到位,底盘应完全落实,水平稳固,无异响现象。

（2）当采用异层排水方式时,地漏孔、排污孔等应与楼面预留孔对正。

排水管的安装应符合下列规定。

（1）预留排水管的位置和标高应准确,排水应通畅。

（2）排水管与预留管道的连接部位应密封处理。

壁板的安装应符合下列规定。

（1）应按设计要求预先在壁板上开好各管道接头的安装孔。

（2）壁板拼接处应表面平整、缝隙均匀。

（3）安装过程中应避免壁板表面变形和损伤。

（4）顶板安装时应保证顶板与顶板、顶板与壁板间安装平整、缝隙均匀。

整体卫生间内部构件如图 4-16 所示。

2. 整体吊装式卫生间

整体吊装式卫生间(图 4-17)按下列顺序安装。

（1）工厂组装完成的整体卫生间,经检验合格后,做好包装保护,由工厂运至施工现场,利用垂直和平移工具将其移动到安装位置就位。

（2）拆掉整体卫生间门口的包装材料,进入卫生间内部,检验有无损伤,通过调平螺栓调整好整体卫生间的水平度、垂直度和标高。

（3）完成整体卫生间与给水、排水 、供暖预留点位,电路预留点位的连接和相关试验。

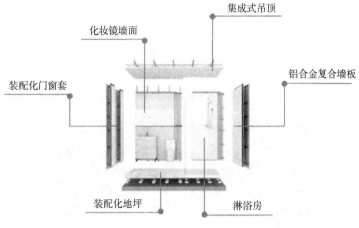

图 4-16　整体卫生间内部构件

图 4-17　整体吊装式卫生间

（4）拆掉整体卫生间外围包装保护材料，由相关单位进行整体卫生间外围合墙体的施工。

（5）安装门、窗套等收口。

（6）清洁、自检、报检和成品保护。

整体吊装式卫生间应利用专用机具移动，放置时应采取保护措施。整体吊装式卫生间应在水平度、垂直度和标高调校合格后固定。

4.5.4　成品保护

合理安排整体卫生间安装与其他专业的施工工序，避免造成污染和破坏。安装施工过程中应做好出墙、出地面给排水管道的防撞工作，做好成品保护（图 4-18）。

图 4-18　整体卫生间成品保护

思考题

1. 简述装配式混凝土建筑给排水及供暖系统的施工工艺流程。
2. 简述装配式混凝土建筑通风、空调及燃气系统的施工工艺流程。
3. 简述装配式混凝土建筑电气和智能化系统的施工工艺流程。
4. 简述装配式混凝土建筑设备与管线系统的设置要求。

拓展题

根据所学知识，自行设置装配式混凝土建筑户型（三室一厅），面积不少于 100 m²，层数不少于 3 层，完成该户型内设备与管线系统的平面布置，形成施工图纸。

第 5 章 装配式混凝土结构的装饰施工

知识目标

1. 熟悉装配式混凝土结构内装体系的特点及常用部品。
2. 掌握装配式混凝土结构内装体系各系统的装修做法。
3. 掌握装配式混凝土结构内装系统的施工及验收要求。

能力目标

使学生具有装配式混凝土结构内装体系施工的能力;具有职业岗位中装配式混凝土结构内装体系施工相关工作过程的技术指导、质量检查和简单的事故分析与处理能力;具有独立学习、独立工作的能力;具有职业岗位所需的合作、交流等能力。

5.1 装配式混凝土结构内装体系的特点

装配式装修的概念最早起源于 20 世纪 60 年代荷兰哈布瑞根的 SRA 理论,它通过支撑体"S"和填充体"I"的有效分离使住宅具备结构耐久性、室内空间灵活性以及填充体可更新性特征,实现了建筑长寿命,减少了资源浪费,同时践行了可持续与绿色发展的理念。支撑体"S"是指住宅的主体结构、分户墙、除门窗以外的外围护结构和公共部分,具有高耐久性。填充体"I"包括室内的分隔墙、地板、厨卫及各类管线等,具有可变形的属性。20世纪90年代后,日本研发出新型SI住宅,同时具备低能耗、高品质、长寿命、适应使用者生活变化的特性,体现出资源循环型绿色建筑理念,受到各国关注。中国的装配式内装体系,引用了日本的SI体系,但又结合了中国特色。室内装修尽量以内装化的部品应用为基础,全面实现施工现场干作业,实现高精度、高效率、高品质。图5-1所示为SI管线分离效果图。

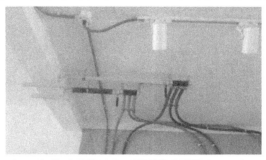

图 5-1 SI管线分离效果图

SI内装是在房间内设置吊顶、装饰墙、架空地板等以实现主体结构与管线、内装的分离,这种做法从根本上解决了管线的埋设问题。由于传统做法已经深入人心,大部分人对于有效使用面积的追求远大于管线维修的方便以及对结构安全的考虑,尤其是居住面积较小的情况,因此,SI体系在国内的推广任重道远。图5-2所示为SI管线分离后内装效果图。

图 5-2 SI管线分离后内装效果图

5.2　装配式混凝土结构内装体系的常用部品

部品是将多种配套的部件或复合产品以工业化技术集成的功能单元,是通过工业化制造技术,对传统的装修主材、辅料和零配件等进行集成加工而成的,是在装修材料基础上的深度集成与装配工艺的升华,将以往单一的、分散的装修材料,以工业化手段融合、混合、结合、复合而形成集成化、模数化、标准化的模块构造,以满足施工干式工法、快速支撑、快速链接、快速拼装的要求。

品宅装配式科技
内装施工工艺

装配式混凝土结构内装体系部品分为装配式墙面部品、装配式地面部品、装配式吊顶部品、套装门窗部品、集成厨房部品、集成卫生间部品、收纳家具部品、智能家居部品、设备与管线部品。

（1）装配式墙面部品。装配式墙面部品体系由轻质隔墙体系与自饰面墙板体系构成。隔墙体系的核心在于采用装配式技术快速进行室内空间分隔,在不涉及承重结构的前提下,快速搭建、交付、使用,为自饰面墙板建立支撑载体。自饰面墙板体系是在既有平整墙、轻钢龙骨隔墙或者不平整结构墙等墙面基层上,采用干式工法现场组合安装而成的集成化墙面。轻质隔墙体系中支撑部件由轻钢龙骨构成,分别为天地龙骨、竖向龙骨、横向龙骨。连接部件则由胀塞、自攻螺丝、工字形铝型材组成,分别用于龙骨与结构墙、龙骨与龙骨、墙板与墙板之间的连接,轻钢龙骨隔墙的空腔内可以填充隔音棉,自饰面墙板体系则由自饰面墙板构成,是装配式墙面部品最外层的装饰面层。

（2）装配式地面部品。装配式地面部品体系由架空地面体系与地板体系构成,在规避抹灰湿作业的前提下,实现地板下部空间的管线敷设、支撑、找平、地面装饰。自饰面地面体系是在架空地面的基础上,采用干式工法现场组合安装而成的集成化地面。装配式地面部品在材质上应该具有承载力大、耐久性好、整体性好的特点,在结构上能大幅减轻楼板荷载,在施工上易于运输、快速安装、可逆装配等。装配式地面部品体系中,支撑部件由支撑模块和地脚螺栓组成,连接部件由模块连接扣、锰钢 C 形卡和工字形铝型材组成,分别用于模块间、保护板与模块间、饰面板之间的连接。架空模块内部可进一步集成 PR-ET 采暖管,实现地面采暖的功能。模块之上采用木地板或自饰面底面板饰面。

（3）装配式吊顶部品。目前,对于居室顶面,由于用户的审美习惯和消费心理,尚不能广泛应用 A 级耐火等级、快速安装且没有拼缝的模块化部品,在厨卫空间,已有成熟体系的装配式吊顶解决方案。当墙面为装配式墙面部品且空间开间小于 1.8 m 时,宜采用无龙骨吊筋的装配方式。通过 U 形铝型材搭接自饰面吊顶板,吊顶板之间使用 T 形铝型材进行连接。施工过程中完全免去吊杆吊件,无粉尘、无噪声、快速装配,不用预留检修口;在使用上具有快速拆装、易于打理、易于翻新等特点。

（4）套装门窗部品。套装门窗部品实际上是集成门扇、窗套、垭口三类部品的统称。通过采集数据，进行容错分析与归尺处理后，工厂按照相应尺寸来生产各种标准与非标准的门窗部品，再由装配工人根据图纸进行现场组合安装，精确的生产尺寸避免了现场裁切，可有效避免噪声、粉尘等问题。

（5）集成厨房部品。集成厨房部品是由地面、吊顶、墙面、橱柜、厨房设备及管线等通过设计集成、工厂生产、干式工法装配而成的厨房。集成厨房作为厨房的一种类型，要具备厨房的基本功能需求，即洗涤、操作、烹饪、储存，根据基本的操作流程，将这四项功能相互配合，形成高效、合理的布局形式。将其主要产品根据性能、尺寸、使用年限相匹配的原则集成到厨房空间，根据不同的用户需求，形成多样化的组合模式。集成厨房应更加突出空间的节约，表面易于清洁，排烟高效；墙面颜色丰富，耐油污，减少接缝易打理。

（6）集成卫生间部品。集成卫生间部品是由防水防潮构造、排风换气构造、地面构造、墙面构造、吊顶构造以及陶瓷洁具、电器、五金件构成的。其中最为突出的是防水防潮构造，主要由整体防水底盘、PE防水防潮隔膜和止水构造等三部分组成。整体卫浴是一种固化规格、固化部品的卫浴，是集成卫浴的一种特殊形式，而集成卫浴范围更大，除具有整体卫浴所有的特点之外，突出呈现出尺寸、规格、形状、颜色、材质的高度定制化特征。

（7）收纳家具部品。收纳类家具是指各种用来存放物品的柜类家具，是人们在日常生活中收藏和整理衣物、饰品、书籍等所必需的一种用具。按照存放物品的不同，收纳家具主要有衣柜、床头柜、书柜、装饰柜、餐边柜、客厅柜以及其他组合柜等。收纳家具部品是通过标准化设计，由工厂按照尺寸进行精准的加工生产，最终在现场组合安装，保证材料环保性的同时，规避现场裁切时可能产生的粉尘、噪声等情况。

（8）智能家居部品。智能家居通过物联网技术将家中的各种设备连接到一起，提供家电控制、照明控制、窗帘控制、电话远程控制、室内外遥控、防盗报警、环境监测、暖通控制、红外转发以及定时控制等多种功能和手段。与普通家居相比，智能家居不仅具有传统的居住功能，也兼备网络通信、信息家电、设备自动化，是集系统、结构、服务、管理于一体的居住环境，能提供全方位的信息交互功能，帮助家庭与外部保持信息交流畅通，优化人们的生活方式。

（9）设备与管线部品。设备与管线部品由电路管线、给水管线、排水系统、采暖模块构成。其中电路、给水与排水管线敷设在轻质隔墙和架空地面的空腔之中，给水管线尽可能减少连接接头，能够承受高温、高压并保证寿命期内无渗漏；采用分水器装置，并将水管并联，便于检修和维护。排水系统分为两个部分：一部分是架空地面之上的坐便器排水；另一部分是架空地面之下的排水管，将地漏、淋浴、洗面盆、洗衣机等的水排在卫生间整体防水底盘之下，横向同层排至公区管井。采暖模块是在装配式架空地面基础上的进一步集成，模块中增加采暖管和带有保温隔热的聚苯乙烯泡沫板，实现高散热率的地暖地面。

无论部品的内涵，还是部品的组合功能，都比单一而分散的传统材料要强大。装配式装修正是在装修部品的基础上实现的，是装修产业在供给侧的创新，推进了施工现场的工业化思维及全体系解决方案,将工厂化的服务触角延伸至装配现场,将现场视为移动工厂的总装车间,实现了可控管理。

5.3　装配式混凝土结构内装体系的装修做法

装配式混凝土结构内装体系的施工流程如图 5-3 所示。

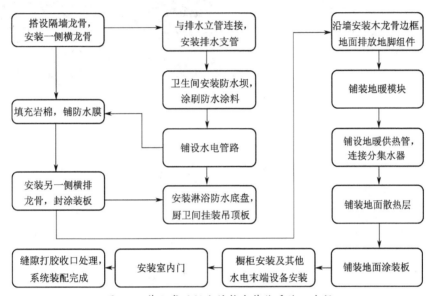

图 5-3　装配式混凝土结构内装体系施工流程

1. 快装轻质隔墙施工做法

(1)施工前,按照设计方案,沿顶地弹出隔墙的宽度线。

(2)按弹线位置固定天地龙骨及边框龙骨,采用满打结构胶粘接,并用膨胀螺丝固定,固定点距天地龙骨端头 20 mm,中间间隔 400 mm。

(3)竖向龙骨安装于天地龙骨槽内,安装间距 400 mm,门、窗口位置采用双排竖向龙骨,以增加强度。

(4)安装一侧横向龙骨,第一排横向龙骨距顶面 300 mm,第三排横向龙骨距地面 1 360 mm,第五排横向龙骨距地面 300 mm,其余两排距离均分,如图 5-4 所示。

(5)安装空调、电视的位置用表面涂刷防火涂料的大芯板进行加固。

2. 排水支管安装

(1)排水支管与预留排水立管口连接,水平支管采用吊架吊装于下层吊顶内。

同层排水施工
工艺演示

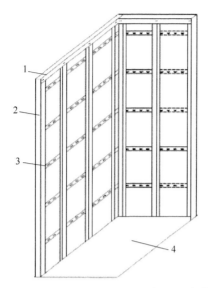

图 5-4　龙骨框架的安装示意

1—天地龙骨;2—竖向龙骨;3—横向龙骨;4—结构基础层

（2）排水支管上返穿过防水层时,防水层需卷上管根且包覆严密,避免从管根处渗漏。

（3）排水管道坡度、吊架安装间距应符合《建筑装饰装修工程质量验收标准》（GB 50210—2018）的相关规定。

其中,地漏排水管采用 PVC 50 管;马桶排水管采用 PVC 110 管。

图 5-5 所示为排水支管安装示意。

图 5-5　排水支管安装示意

3. 防水坝安装

（1）沿卫生间新建隔墙安装 300 mm 高防水坝。

（2）防水坝与结构地面相接处，用水泥砂浆抹八字脚。

（3）在结构墙面、地面及防水坝表面涂刷第一道涂膜防水涂料，防水涂料厚度需达到 1.5 mm 厚。

其中，防水坝采用 8 mm 厚硅酸钙板；防水涂料采用 JS-Ⅱ型。

图 5-6 所示为防水坝安装示意。

图 5-6　防水坝安装示意

4. 卫生间防水安装

采用 PVC 材料做成整体防水层，铺设在地暖模块上层，形成第二道防水层。穿过防水层的立管处，防水层形成环状突起并包覆住管根，如图 5-7 所示。

图 5-7　卫生间防水安装示意

5. 电线盒安装

（1）在间距 400 mm 的两根竖向龙骨之间，安装横向龙骨，PVC 接线盒固定于横向龙骨上，PVC 管用管卡固定牢固。

（2）卫生间内 PVC 接线盒安装时与涂装板墙面齐平，用玻璃胶对边口进行封闭，以防水汽进入涂装板内。

（3）将 PVC 接线盒与结构预埋管路进行连接，穿线时接地线用压线端子与既有预埋管路进行固定，裸露线头用包塑软管进行保护。

（4）电线管路接于户内强、弱电箱内。

其中，电线管采用 PVC 20 管；接线盒采用 PVC 86 盒。图 5-8 所示为电线盒安装示意。

图 5-8 电线盒安装示意

6. 给水管路安装

（1）隔墙龙骨框架、卫生间防水涂料完成后，方可进行施工。

（2）内丝弯头安装时突出于涂装板墙面 5 mm，用玻璃胶对边口进行封闭，以防漏水时水流入涂装板内。

（3）水平管道沿地面铺设，穿行于地面架空层内，最终接于公共区域管道井内水表后。

（4）管道不得穿越隔墙，与其他管路交叉时，采用过桥管件进行连接。

其中，给水管采用白色 PPR 20 管；中水管采用绿色 PPR 20 管。

图 5-9 所示为给水管路安装示意。

7. 岩棉、防水隔膜安装

（1）水电管路铺设完毕且固定牢固后，在隔墙内填充 50 mm 厚岩棉。

（2）卫生间内侧隔墙在填充岩棉后，铺贴防水隔膜，防水隔膜应竖向铺贴，搭接宽度100 mm。隔膜底部接于防水层，形成整体防水层。

其中，岩棉采用不燃性防火材料；防水隔膜采用 0.1 mm 厚 PE 膜。

图 5-10 所示为岩棉、防水隔膜安装示意。

图 5-9　给水管路安装示意

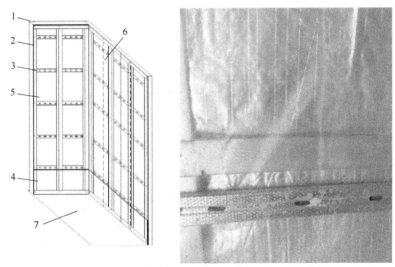

图 5-10　岩棉、防水隔膜安装示意

1—天地龙骨;2—竖向龙骨;3—横向龙骨;4—防水坝;5—岩棉;6—防水隔膜;7—防水层

8. 涂装板安装

(1)在填充好岩棉的隔墙上,固定另一侧横向龙骨,安装高度应保持两侧持平。

(2)横向龙骨外侧用结构胶粘贴涂装板,涂装板间隙 3 mm。

(3)安装空调、电视的位置粘贴安装位置标识。

其中,涂装板采用 8 mm 厚硅酸钙板,表面涂 UV 漆。

图 5-11 所示为涂装板安装示意。

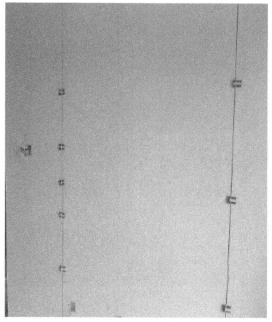

图 5-11 涂装板安装示意

9. 淋浴底盘安装

（1）淋浴区采用人造石整体淋浴底盘,可使卫生间内真正实现干湿分离,确保无卫生死角,墙面、地面无积水,吸潮、干爽、无异味,日常使用及清洁非常方便,大幅提高了卫生间的舒适性及易维护性。

（2）淋浴区设置浴帘,浴帘半径小于淋浴底盘尺寸,可有效避免淋浴时水外溅。

图 5-12 所示为淋浴底盘安装示意。

图 5-12 淋浴底盘安装示意

10.厨卫间吊顶安装

（1）厨卫间采用快装式吊顶工艺,沿墙面涂装板上沿挂装铝合金边龙骨。

（2）吊顶板采用 6 mm 厚涂装板,两块吊顶板之间采用"上"字形铝合金横龙骨固定。

（3）吊顶板孔洞在工厂预开孔,现场直接安装。

图 5-13 所示为厨卫间吊顶安装示意。

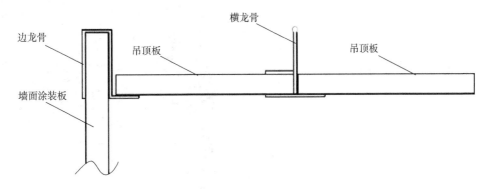

图 5-13 厨卫间吊顶安装示意

11. 木龙骨框架安装工艺做法

（1）施工前,按照设计方案,沿墙面四周弹出标高控制线。

（2）按弹线位置固定木龙骨边框,用膨胀螺栓固定于墙面,固定点间距 400 mm,底部用三角垫片垫实。

（3）地面清理,使用大功率吸尘器将地面灰尘清理干净。

其中,木龙骨采用防腐木,规格为 50 mm×30 mm,表面涂刷防火涂料;三角垫片采用硬质塑料,规格为(5~10)mm × 40 mm × 36 mm。

图 5-14 所示为木龙骨框架安装示意。

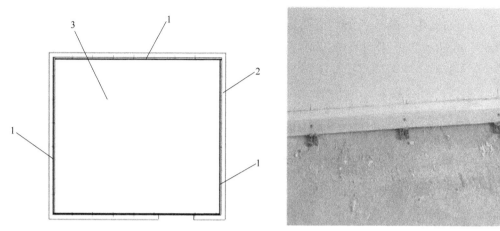

图 5-14 木龙骨框架安装示意
1—木龙骨;2—墙面;3—结构

12. 地暖模块安装

(1)在木龙骨框架与地脚组件上架设地暖模块层,使地暖模块层与结构基础层之间形成架空层,用于排管布线、隔音保温。

(2)房间两端架设第二地暖模块(图 5-15),以便于埋设地暖供热管时转弯。

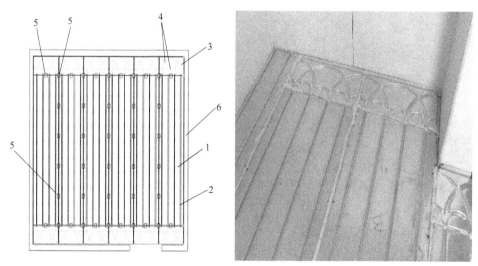

图 5-15 地暖模块安装示意
1—第一地暖模块;2—条形暖管槽;3—第二地暖模块;4—弧形暖管槽;5—地脚组件;6—墙面

(3)模块式快装采暖地面装配做法见图 5-16。

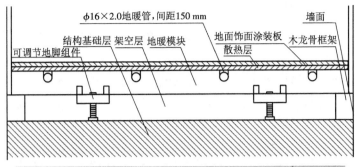

图 5-16　模块式快装采暖地面装配结构示意

13. 地脚组件安装

（1）地脚组件中螺栓一端的表面设有用于旋拧的开槽，另一端连接有接于结构基础层的橡胶垫，螺栓上套设有与其螺纹连接的用于承托地暖模块的支撑块。在实际装配过程中，通过旋拧螺栓，改变螺栓和支撑块的相对位置以带动地暖模块上下移动，实现调节地暖模块层的高度。地暖模块码放间距为 300 mm。

（2）地暖模块调平后，用自攻螺丝与支撑块进行连接。每两组地暖模块间隙为 10 mm，板缝间打发泡胶填实。

图 5-17 所示为地脚组件结构示意。

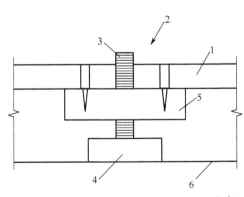

图 5-17　地脚组件结构示意

1—第一地暖模块；2—地脚组件；3—螺栓；4—橡胶垫；5—支撑块；6—基础结构层

14.地暖供热管铺设

（1）将地暖供热管埋设于条形暖管槽和弧形暖管槽中,然后用铝箔胶带进行封贴。地暖供热管间距为150 mm。

（2）地暖管埋设完毕后,在地暖模块上涂敷结构胶,将多个硅酸钙板以拼接的方式粘接在地暖模块上,并且相邻两个硅酸钙板的边缘之间留出3 mm缝隙,压紧硅酸钙板直到其与地暖模块粘接牢固。

图5-18所示为地暖供热管铺设剖面,图5-19所示为地暖供热管铺设示意。

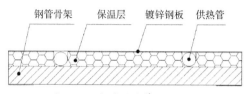

图5-18　地暖供热管铺设剖面

图5-19　地暖供热管铺设示意

15.地面涂装板安装

在预铺设的相邻四块涂装板相对的四个角部将隔离件以螺纹套朝上的方式放置于散热层上(图5-20),将每块涂装板的角部分别置于相邻的两个圆柱形突起之间,并且相邻的两块涂装板的边缘抵靠于一个圆柱形突起的两侧以形成3 mm宽的缝隙;将压紧片拧入螺纹套中压紧每块涂装板的角部。待涂装板完全粘接牢固后,将压紧片撤除,缝隙间用相同颜色的结构胶填实。

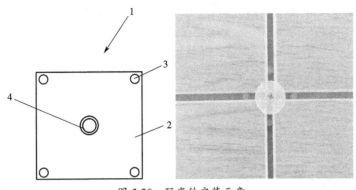

图 5-20　隔离件安装示意

1—隔离件;2—方形垫片;3—圆柱形突起;4—螺纹套

5.4　装配式混凝土结构内装体系的施工、验收要求

5.4.1　通用部品安装要求

整体橱柜安装:参照《住宅装饰装修工程施工规范》(GB 50327—2001)中第 11 章"细部工程"的相关规定。

室内门安装:参照《住宅装饰装修工程施工规范》(GB 50327—2001)中第 10 章"门窗工程"的相关规定。

电气设备安装:参照《住宅装饰装修工程施工规范》(GB 50327—2001)中第 16 章"电气安装工程"的相关规定。

卫生洁具安装:参照《住宅装饰装修工程施工规范》(GB 50327—2001)中第 15 章"卫生器具及管道安装工程"的相关规定。

热水器安装:热水器原则上应安装在结构墙面上,如安装在轻质隔墙上,在轻质隔墙内从顶面用角钢做加固架,用以固定热水器。

毛巾架、置物架安装:距地面完成面 1 250 mm,可与设置在涂装板后的第三排横向龙骨固定。

5.4.2　验收原则

1.验收时应检查的文件和记录

(1)深化设计图纸及其他设计文件。

（2）材料的产品合格证书、性能检测报告、进场验收记录等。

（3）隐蔽工程验收记录。

（4）施工记录。

2. 验收的隐蔽工程项目

（1）卫生间防水闭水记录。

（2）设备管线的安装及水管试压。

（3）排水管道试验。

（4）电气管道接地、绝缘电阻试验。

（5）隔墙及地面中木质加固板材的防火、防腐处理，其他材质预埋件的强度。

3. 验收内容与检验方法

（1）隔墙所用龙骨、配件、涂装板、填充材料的品种、规格、性能应符合设计要求，有隔声、隔热、阻燃、防潮等特殊要求的材料应有相应性能的检测报告。

检验方法：检查产品合格证书、进场验收记录、性能检测报告。

（2）边框龙骨必须与基体结构连接牢固，并应平整、垂直，位置正确。

检验方法：手扳检查，尺量检查，检查隐蔽工程验收记录。

（3）隔墙中龙骨间距和构造连接方法应符合设计要求。隔墙内设备管线、门窗洞口等部位的加强龙骨应安装牢固、位置正确，填充材料的设置应符合设计要求。

检验方法：检查隐蔽工程验收记录。

（4）隔墙的墙面板应安装牢固，表面应平整光滑、色泽一致、洁净，无裂缝、脱层、翘曲、折裂及缺损，接缝应均匀、顺直。

检验方法：观察，手摸检查。

（5）隔墙上的孔洞、槽、盒应位置正确、套割吻合、边缘整齐。

检验方法：观察。

（6）隔墙内的填充材料应干燥，填充应密实、均匀、无下坠。

检验方法：轻敲检查，检查隐蔽工程验收记录。

4. 管道压力试验方法

（1）从厨房、卫生间连接至水管井的给水管道安装完毕 24 h 后便可进行严密性试验，各末端开口处用管帽封堵，所有配水器具均不安装。

（2）给水管道系统做水压试验，试验压力为 0.6 MPa，试验压力下稳压 1 h，压力降不应大于 0.05 MPa，然后在工作压力 1.15 倍的状态下稳压 2 h，压力下降不得超过 0.03 MPa，然后进行检查，不渗不漏后方可隐蔽。

（3）项目竣工前应做管道冲洗与消毒，管道第一次冲洗应用清洁水冲洗至出水口水样浊度小于 3 NTU 为止，冲洗流速应大于 1.0 m/s，管道第二次冲洗应在第一次冲洗后，用有效氯离子含量不低于 20 mg/L 的清洁水浸泡 24 h 后，再用清洁水进行第二次冲洗，直至水质检测、管理部门取样化验合格为止。

（4）所用配件、涂装板、填充材料的品种、规格、性能应符合设计要求,有隔声、隔热、阻燃、防潮等特殊要求的材料应有相应性能的检测报告。

检验方法:检查产品合格证书、进场验收记录、性能检测报告。

（5）架空层内设备管路的安装、走向、位置正确,有水管试压相关记录。

检验方法:观察,检查隐蔽工程验收记录。

（6）木龙骨框架必须与基体结构连接牢固,并应平整、垂直。

检验方法:手扳检查,尺量检查,检查隐蔽工程验收记录。

（7）地暖模块安装稳定牢固,表面平整,地脚组件排布满足设计要求,固定牢固。

检验方法:观察,尺量检查。

（8）地暖加热管应固定牢固,其材料、规格及铺设间距、弯曲半径应符合设计要求。

检验方法:观察,尺量检查。

（9）地面涂装板应安装牢固,表面应平整光滑、色泽一致、洁净,无裂缝、脱层、翘曲、折裂及缺损,接缝应均匀、顺直。

检验方法:观察,手摸检查。

5. 整体橱柜验收

整体橱柜验收参照《建筑装饰装修工程质量验收标准》(GB 50210—2018)中第 14 章"细部工程"中第 14.2 项"橱柜制作与安装工程"的规定执行。具体内容详见表 5-1。

表 5-1　橱柜安装的允许偏差和检验方法

项次	项目	允许偏差(mm)	检验方法
1	外形尺寸	3	用钢尺检查
2	立面垂直度	2	用 1 m 垂直检测尺检查
3	门与框架的平行度	2	用钢尺检查

6. 室内门验收

室内门验收参照《建筑装饰装修工程质量验收标准》(GB 50210—2018)中第 6 章"门窗工程"中 6.2 项"木门窗安装工程"的规定执行。具体内容详见表 5-2 平开木门窗安装的留缝限值、允许偏差和检验方法。

表 5-2　平开木门窗安装的留缝限值、允许偏差和检验方法

项次	项目	留缝限值(mm)	允许偏差(mm)	检验方法
1	门窗框的正、侧面垂直度	—	2	用 1 m 垂直检测尺检查
2	框与扇接缝高低差	—	1	用塞尺检查
	扇与扇接缝高低差	—	1	

续表

项次	项目		留缝限值(mm)	允许偏差(mm)	检验方法
3	门窗扇对口缝		1~4	—	用塞尺检查
4	工业厂房、围墙双扇大门对口缝		2~7	—	
5	门窗扇与上框间留缝		1~3	—	
6	门窗扇与合页侧框间留缝		1~3	—	
7	室外门扇与锁侧框间留缝		1~3	—	
8	门扇与下框间留缝		3~5	—	用塞尺检查
9	窗扇与下框间留缝		1~3	—	
10	双层门窗内外框间距		—	4	用钢直尺检查
11	无下框时门扇与地面间留缝	室外门	4~7	—	用钢直尺或塞尺检查
		室内门	4~8	—	
		卫生间门		—	
		厂房大门	10~20	—	
		围墙大门		—	
12	框与扇搭接宽度	门	—	2	用钢直尺检查
		窗	—	1	

7.电气设备验收

电气设备验收参照《建筑电气工程施工质量验收规范》(GB 50303—2015)的相关规定。

8.卫生洁具验收

卫生洁具验收参照《建筑给水排水及采暖工程施工质量验收规范》(GB 50242—2002)的相关规定。

思考题

1.简述装配式混凝土结构内装体系的常用部品及特点。
2.简述装配式混凝土结构内装体系快装轻质隔墙的施工做法。
3.简述装配式混凝土结构内装体系卫生间防水的施工做法。
4.简述装配式混凝土结构内装体系地暖安装的施工做法。
5.简述装配式混凝土结构内装体系的验收标准。

拓展题

根据所学知识,自行设计装配式混凝土建筑户型(两室一厅),面积不少于80 m²,完成该户型内装体系的平面布置,并形成施工图纸。

第6章 装配式混凝土结构的工程验收

工程验收是指工程施工阶段的验收。

有些非结构项目与预制混凝土构件及其安装有关,在装配式混凝土结构工程验收时应一并考虑。这些项目包括:预制外挂墙板、预制构件接缝密封防水、与预制构件一体化的外饰面、预制隔墙、与预制构件一体化的门窗、与预制构件一体化的外墙保温、设置在预制构件中的避雷带、设置在预制构件中的电线通信线导管以及与预制构件有关的给水排水、暖通空调和装修的预埋件或预留设置等。

6.1 装配式混凝土结构工程验收的依据

6.1.1 验收标准

装配式混凝土结构工程验收的主要依据如下。

（1）装配式混凝土结构：

①国家标准《装配式混凝土建筑技术标准》（GB/T 51231—2016）；

②国家标准《混凝土结构工程施工质量验收规范》（GB 50204—2015）；

③行业标准《装配式混凝土结构技术规程》（JGJ 1—2014）；

④国家标准《建筑工程施工质量验收统一标准》（GB 50300—2013）；

⑤行业标准《钢筋套筒灌浆连接应用技术规程》（JGJ 355—2015）。

（2）预制混凝土隔墙、装配式混凝土结构装饰一体化、预制混凝土构件一体化门窗：

①国家标准《建筑装饰装修工程质量验收标准》（GB 50210—2018）；

②行业标准《外墙饰面砖工程及验收规程》（JGJ 126—2015）。

（3）与预制混凝土构件一体化的保温节能：

行业标准《外墙保温工程技术标准》（JGJ 144—2019）。

（4）设置在预制混凝土构件中的避雷带和电线通信线导管：

①国家标准《建筑防雷工程施工与质量验收规范》（GB 50601—2010）；

②国家标准《建筑电气工程施工质量验收规范》（GB 50303—2015）。

（5）工程档案：

国家标准《建设工程文件归档规范》（GB/T 50328—2014）。

（6）工程所在地关于装配式混凝土结构建筑的地方标准：

如辽宁省地方标准《装配式混凝土结构构件制作、施工与验收规程》（DB21/T 2568—2020）等。

6.1.2 验收划分

国家标准《建筑工程施工质量验收统一标准》（GB 50300—2013）将建筑工程质量验收划分为单位工程、分部工程、分项工程和检验批。其中分部工程较大或较复杂时，可划分为若干子分部工程。

质量验收划分不同，验收抽样、要求、程序和组织都不同。例如，就验收组织而言，对于分项工程，由专业监理工程师组织施工单位项目专业技术负责人等进行验收；对于分部工程，则由总监理工程师组织施工单位负责人和项目技术负责人等进行验收。设计单位项目负责人和施工单位技术、质量部分负责人应参加主体结构、节能分部工程的验收。

行业标准《装配式混凝土结构技术规程》(JGJ 1—2014)中规定:"装配式结构应按混凝土结构子分部进行验收;当结构中部分采用现浇混凝土结构时,装配式结构部分可作为混凝土结构子分部工程的分项工程进行验收。"但2015年版的国家标准《混凝土结构工程施工质量验收规范》(GB 50204—2015)将装配式建筑划分为分项工程。如此,装配式结构应按分项工程进行验收。

装配式结构连接部位及叠合构件浇筑混凝土之前,应进行隐蔽工程验收。隐蔽工程验收应包括下列主要内容。

(1)混凝土粗糙面的质量,键槽的尺寸、数量、位置。

(2)钢筋的牌号、规格、数量、位置、间距,箍筋弯钩的弯折角度及平直段长度。

(3)钢筋的连接方式、接头位置、接头数量、接头面积百分率、搭接长度、锚固方式及锚固长度。

(4)预埋件、预留管线的规格、数量、位置。

装配式混凝土结构中有关的项目验收划分见表6-1。

表6-1 装配式混凝土结构中有关的项目验收划分

序号	项目	分部工程	子分部工程	分项工程	备注
1	装配式混凝土结构	主体结构	混凝土结构	装配式结构	
2	预制混凝土预应力板			预应力工程	
3	预制混凝土构件螺栓		钢结构	紧固件连接	
4	预制混凝土外墙板	建筑装饰装修	幕墙	幕墙	参照《点挂外墙板装饰工程技术规程》(JGJ 321—2014)
5	预制混凝土外墙板接缝密封胶		幕墙	幕墙	
6	预制混凝土隔墙		轻质隔墙	板材隔墙	参照《建筑用轻质隔墙条板》(GB/T 23451—2009)
7	预制混凝土构件一体化门窗		门窗	金属门窗、塑料门窗	
8	预制混凝土构件石材反打		饰面板	石板安装	参照《金属与石材幕墙工程技术规范》(JGJ 133—2013)
9	预制混凝土构件饰面砖反打		饰面砖	外墙饰面砖粘贴	参照《外墙饰面砖工程施工及验收规程》(JGJ 126—2015)
10	预制混凝土构件的装饰安装预埋件		细部	窗帘盒、厨柜、护栏等	参照《钢筋混凝土结构预埋件》(10ZG302)
11	保温一体化预制混凝土构件	建筑节能	维护系统节能	墙体节能、幕墙节能	参照《建筑节能工程施工质量验收标准》(GB 50411—2019)

序号	项目	分部工程	子分部工程	分项工程	备注
12	预制混凝土构件电气管线	建筑电气	电气照明	导管敷设	参照《建筑电气工程施工质量验收规范》（GB 50303—2015）
13	预制混凝土构件电气槽盒			槽盒安装	
14	预制混凝土构件灯具安装预埋件			灯具安装	
15	预制混凝土构件预埋的给水排水供暖管线	建筑给水排水及供暖	室内给水	管道及配件安装	参照《建筑给水排水及采暖工程施工质量验收规范》（GB 50242—2002）
16			室内排水	管道及配件安装	
17			室内热水	管道及配件安装	
18			室内供暖系统	管道、配件及散热器安装	
19	预制混凝土构件整体浴室安装预埋件		卫生器具	卫生器具安装	
20	预制混凝土构件卫生器具安装预埋件			卫生器具安装	
21	预制混凝土构件空调安装预埋件	通风与空调			参照《通风与空调工程施工质量验收规范》（GB 50243—2016）
22	预制混凝土构件中避雷带及其连接	智能建筑	防雷与接地	接地线、接地装置	参照《智能建筑工程质量验收规范》（GB 50339—2013）
23	预制混凝土构件中的通信导管		综合布线系统		

6.2 工程验收的主控项目与一般项目

工程验收项目分为主控项目和一般项目。

建筑工程中对安全、节能、环境保护和主要使用功能起决定性作用的检验项目为主控项目。除主控项目以外的检验项目为一般项目。主控项目和一般项目的划分应当符合各专业有关规范的规定。

6.2.1 装配式混凝土结构建筑工程验收的主控项目

（1）后浇混凝土强度应符合设计要求。

检查数量：按批检验，检验批应符合《装配式混凝土结构技术规程》（JGJ 1—2014）第12.3.7 条的有关要求。

检验方法：按现行国家标准《混凝土强度检验评定标准》（GB/T 50107—2010）的要求进行。

（2）钢筋套筒灌浆连接及浆锚搭接连接的灌浆应密实饱满，所有出浆口均应出浆。

检查数量：全数检查。

检验方法：检查灌浆施工质量检查记录。

（3）钢筋套筒灌浆连接及浆锚搭接连接用的灌浆料应满足设计要求。

检查数量：按批检验，以每层为一检验批；每工作班应制作 1 组且每层不应少于 3 组40 mm×40 mm×160 mm 的长方体试件，标准养护 28 d 后进行抗压强度试验。

检验方法：检查灌浆料强度试验报告及评定记录。

（4）剪力墙底部接缝坐浆强度应满足设计要求。

检查数量：按批检验，以每层为一检验批；每工作班应制作 1 组且每层不应少于 3 组边长为 70.7 mm 的立方体试件，标准养护 28 d 后进行抗压强度试验。

检验方法：检查坐浆材料强度试验报告及评定记录。

（5）钢筋采用焊接连接时，其焊接质量应符合现行行业标准《钢筋焊接及验收规程》（JGJ 18—2012）的有关规定。

检查数量：按现行行业标准《钢筋焊接及验收规程》（JGJ 18—2012）的规定确定。

检验方法：检查钢筋焊接施工记录及平行加工试件的强度试验报告。

（6）钢筋采用机械连接时，其接头质量应符合现行行业标准《钢筋机械连接技术规程》（JGJ 107—2016）的有关规定。

检查数量：按现行行业标准《钢筋机械连接技术规程》（JGJ 107—2016）的规定确定。

检验方法：检查钢筋机械连接施工记录及平行加工试件的强度试验报告。

（7）预制构件采用焊接连接时，钢材焊接的焊缝尺寸应满足设计要求，焊缝质量应符合现行国家标准《钢结构焊接规范》（GB 50661—2011）和《钢结构工程施工质量验收标准》（GB 50205—2020）的有关规定。

检查数量：全数检查。

检验方法：按现行国家标准《钢结构工程施工质量验收标准》（GB 50205—2020）的要求进行。

（8）预制构件采用螺栓连接时，螺栓的材质、规格、拧紧力矩应符合设计要求及现行国家标准《钢结构设计标准》（GB 50017—2017）和《钢结构工程施工质量验收标准》（GB 50205—2020）的有关规定。

检查数量:全数检查。

检验方法:按照现行国家标准《钢结构工程施工质量验收标准》(GB 50205—2020)的要求进行。

6.2.2 装配式混凝土结构建筑工程验收的一般项目

(1)装配式混凝土结构的尺寸允许偏差应符合设计要求,并应符合表6-2的规定。

表6-2 装配式混凝土结构的尺寸允许偏差及检验方法

项目			允许偏差(mm)	检验方法
构件中心线对轴线位置	基础		15	尺量检查
	竖向构件(柱、墙、桁架)		10	
	水平构件(梁、板)		5	
构件标高	梁、柱、墙、板底面或顶面		±5	水准仪或尺量检查
构件垂直度	柱、墙	<5 m	5	经纬仪或全站仪量测
		≥5 m 或 <10 m	10	
		≥10 m	20	
构件倾斜度	梁、桁架		5	垂线、钢尺量测
相邻构件平整度	板端面		5	钢尺、塞尺量测
	梁、板底面	抹灰	5	
		不抹灰	3	
	柱、墙侧面	外露	5	
		不外露	10	
构件搁置长度	梁、板		±10	尺量检查
支座、支座中心位置	板、梁、柱、墙、桁架		10	尺量检查
墙板接缝	宽度		±5	尺量检查
	中心线位置			

检查数量:按楼层、结构缝或施工段划分检验批。在同一检验批内,对梁、柱,应抽查构件数量的10%,且不少于3件;对墙和板,应按有代表性的自然件抽查10%,且不少于3件。对于大空间结构,墙可按相邻轴线间高度5 m左右划分检查面,板可按纵、横轴线划分检查面,抽查10%,且不少于3面。

(2)外墙板接缝的防水性能应符合设计要求。

检查数量:按批检验。每1 000 m²外墙面积应划分一个检验批,不足1 000 m²时也应划分一个检验批;每个检验批每100 m²应至少抽查一处,每处不得少于10 m²。

检验方法:检查现场淋水试验报告。

(3)其他相关项目的验收。

预制混凝土构件上的门窗应满足《建筑装饰装修工程质量验收标准》（GB 50210—2018）中第 5 章的相关要求。

预制混凝土轻质隔墙应满足《建筑装饰装修工程质量验收标准》（GB 50210—2018）中第 7 章的相关要求。

设置在预制混凝土构件的避雷带应满足《建筑物防雷工程施工与质量验收规范》（GB 50601—2010）中的相关要求。

设置在预制混凝土构件的电气通信穿线导管应满足《建筑电气工程施工质量验收规范》（GB 50303—2015）中的相关要求。

装配式建筑装饰一体化的装饰装修应满足《建筑装饰装修工程质量验收标准》（GB 50210—2018）及《建筑节能工程施工质量验收标准》（GB 50411—2019）中的相关要求。

预制混凝土构件接缝的密封胶防水工程应参照《点挂外墙板装饰工程技术规程》（JGJ 321—2014）中的相关要求。

6.2.3　装配式混凝土结构实体检验

装配式混凝土结构子分部工程分段验收前，应进行结构实体检验。结构实体检验应由监理单位组织施工单位实施，并见证实施过程，参照国家标准《混凝土结构工程施工质量验收规范》（GB 50204—2015）第 8 章现浇结构分项工程。

结构实体检验应包括混凝土强度、钢筋保护层厚度、结构位置与尺寸偏差以及合同约定的项目，必要时可检验其他项目，除结构位置与尺寸偏差外的结构实体检验项目，应由具有相应资质的检测机构完成。预制构件实体性能检验报告应由构件生产单位提交施工总承包单位，并由专业监理工程师审查备案。

钢筋保护层厚度、结构位置与尺寸偏差按照《混凝土结构工程施工质量验收规范》（GB 50204—2015）执行。

预制构件现浇接合部位实体检验应进行以下项目检测：

（1）接合部位的钢筋直径、间距和混凝土保护层厚度；

（2）接合部位的后浇混凝土强度。

对预制构件混凝土、叠合梁、叠合板后浇混凝土和灌浆体的强度检验，应以在浇筑地点制备并与结构实体同条件养护试件的强度为依据。混凝土强度检验用同条件养护试件的留置、养护和强度代表值应按《混凝土结构工程施工质量验收规范》（GB 50204—2015）附录 D 的规定测定，也可按国家现行标准规定采用非破损或局部破损的检测方法检测。

当未能取得同条件养护试件强度或同条件养护试件强度被判为不合格时，应委托具有相应资质等级的检测机构按国家有关标准的规定进行检测。

6.2.4 分项工程质量验收

（1）装配式混凝土结构分项工程施工质量验收合格，应符合下列规定。

①所含分项工程验收质量应合格。

②有完整的全过程质量控制资料。

③结构观感质量验收应合格。

④结构实体检验应符合装配式混凝土结构实体检验的要求。

（2）当装配式混凝土结构分项工程施工质量不符合要求时，应按下列要求进行处理。

①经返工、返修或更换构件、部件的检验批，应重新进行检验。

②经有资质的检测单位检测鉴定达到设计要求的检验批，应予以验收。

③经有资质的检测单位检测鉴定达不到设计要求，但经原设计单位核算并确认仍可满足结构安全和使用功能的检验批，可予以验收。

④经返修或加固处理能够满足结构安全使用要求的分项工程，可根据技术处理方案和协商文件进行验收。

（3）装配式混凝土结构建筑的饰面质量主要是指饰面与混凝土基层的连接质量，对面砖主要检测其拉拔强度，对石材主要检测其连接件受拉和受剪承载力。其他方面涉及外观和尺寸偏差等时，应按照现行国家标准《建筑装饰装修工程质量验收标准》（GB 50210—2018）的有关规定验收。

6.3 装配式混凝土结构验收注意事项

6.3.1 预制构件进场检验

（1）构件进场时的质量证明文件应包括产品合格证明书、混凝土强度检验报告及其他重要检验报告。预制构件钢筋、混凝土原材料、预应力材料、预埋件等检验报告可不提供，但应在构件生产企业存档保留。

（2）对于进场不进行结构性能检验的预制构件，质量证明文件尚应包括预制构件生产过程的关键验收记录，如钢筋隐蔽工程验收记录、预应力筋张拉记录等。

（3）装配式混凝土剪力墙结构住宅中，一般仅做楼梯结构性能检验。对用于叠合板、叠合梁的梁板类受弯预制构件（叠合底板，底梁），是否进行结构性能检验，结构性能检验的方式及验收指标应根据设计要求确定，设计无要求时，可不做结构性能检验。

（4）考虑施工现场条件限制，结构性能检验可在工程各方参与下在预制构件生产场地进行。对多个工程共同使用的同类型预制构件，也可在多个工程的施工、监理单位见证下共同委托进行结构性能检验,其结果对多个工程有效。

（5）对使用数量较少的构件,当能提供可靠依据时,可不进行结构性能检验。使用数量较少（一般指数量在 50 件以内）,近期完成的合格结构性能检验报告可作为可靠依据。

（6）对所有进场时不做结构性能检验的预制构件,可通过施工单位或监理单位代表驻厂监督生产的方式进行质量控制,此时构件进场的质量证明文件应经监督代表确认。当无驻厂监督时,预制构件进场时应对预制构件主要受力钢筋数量、规格、间距及混凝土强度、混凝土保护层厚度等进行实体检验。

（7）预制构件的外观质量缺陷应通过出厂质量验收环节加以控制。外观质量缺陷可按《混凝土结构工程施工质量验收规范》（GB 50204—2015）第 8 章及国家现行有关标准的规定进行判断,严重缺陷及影响结构性能和安装、使用功能的尺寸偏差,处理方式应符合相应要求。根据缺陷程度可以修理的构件可按相应的技术方案进行修理,并重新检查验收。不合格的构件不得出厂。图 6-1 所示为预制构件进场验收流程。

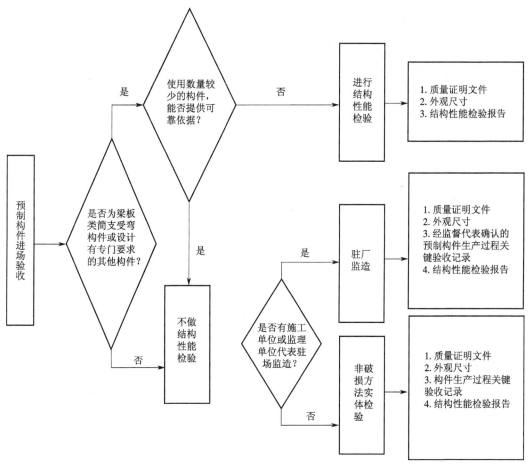

图 6-1　预制构件进场验收流程

6.3.2 预制构件安装检验

（1）预制叠合板类构件安装完成后、钢筋绑扎前，应进行叠合面质量隐蔽验收。

（2）预制叠合板类构件板面钢筋绑扎完成后，应进行钢筋隐蔽验收。

（3）预制墙板现浇节点区混凝土浇筑前，应进行预制墙板甩出钢筋及构件粗糙面隐蔽验收。

6.3.3 预制构件连接检验

（1）套筒灌浆连接接头型式检验报告应由接头提供单位提供，接头提供单位为提供技术并销售灌浆套筒、灌浆料的单位。如由施工单位独立采购灌浆套筒、灌浆料进行工程应用，此时施工单位即为接头提供单位，施工前应按《钢筋套筒灌浆连接应用技术规程》（JGJ 355—2015）的要求完成所有型式检验，施工中不得更换灌浆套筒、灌浆料，否则应重新进行接头型式检验及规定的灌浆套筒、灌浆料进场检验与工艺检验。

（2）对于钢筋套筒进厂（场）外观质量、标识和尺寸偏差抽样检验，考虑灌浆套筒大多预埋在预制混凝土构件中，故规定以构件生产施工现场为主，施工现场进场为辅。同一批号以原材料、炉（批）号为划分依据。

（3）对于浆料进场验收，由于装配式结构灌浆料主要在装配现场使用，但考虑在构件生产前要进行接头工艺检验和接头抗拉强度检验，所规定的灌浆料进场验收也应在构件生产前完成第一批。对于用量不超过 50 t 的工程，则进行一次检验即可。

（4）灌浆套筒连接工艺检验应在灌浆施工前进行，并应对不同钢筋生产企业的进场钢筋进行接头工艺检验。施工过程中更换钢筋生产企业，或同生产企业生产的钢筋外形尺寸与已完成工艺检验的钢筋有较大差异时，应再次进行工艺检验。灌浆套筒埋入预制构件时，工艺检验应在预制构件生产前进行。当现场灌浆施工单位与工艺检验时的灌浆单位不同时，灌浆前应再次进行工艺检验。

（5）灌浆套筒进厂（场）接头力学性能检验包括两种情况：对于埋入预制构件的灌浆套筒，无法在灌浆施工现场截取接头试件，所以灌浆套筒检验应在构件生产过程中进行，预制构件混凝土浇筑前应确认接头试件检验合格，此种情况下，在灌浆施工过程中可不再检验接头性能，按批检验灌浆料 28 d 抗压强度即可。对于不埋入预制构件的灌浆套筒，可在灌浆施工过程中制作平行加工试件，构件混凝土浇筑前应确认接头试件检验合格，为考虑施工周期，宜适当提前制作平行加工试件并完成检验。为避免重复，第一批套筒力学性能检验可与规定的工艺检验合并进行，工艺检验合格后可免除此批灌浆套筒的接头抽检。

（6）灌浆料强度是影响接头受力性能的关键。《钢筋套筒灌浆连接应用技术规程》（JGJ 355—2015）规定的灌浆施工过程质量控制的最主要方式就是检验灌浆料抗压强度和灌浆施工质量。要求灌浆料在按批进场检验合格基础上，按工作班进行强度抽样检验，且每楼层取样不得少于 3 次。套筒灌浆连接接头验收时，应检查专职检验人员的施工检查记录和监理人员旁站记录。

（7）钢筋采用焊接连接时，接头质量试验应按生产条件每检验批制作 3 个模拟平行试件做拉伸试验。

（8）钢筋采用机械连接时，接头质量检验方法为：同一施工条件下采用同一批材料的同等级、同型式、同规格接头，应 500 个为一个验收批进行检验与验收，不足 500 个也应作为一个验收批。每批制作 3 个平行加工试件，进行抗拉强度试验。平行加工试件应与实际钢筋连接接头的施工环境相似，并宜在工程结构附近制作。

6.3.4 装配式混凝土剪力墙结构构件饰面质量

对于外墙和有防水要求的部位，应注意连接接缝处防水性能的检验。

（1）预制构件与后浇混凝土接合部，应对是否密实进行检验，对于结合不严、存在缝隙的部位应进行处理。

（2）预制构件拼缝处，应进行防水构造、防水材料的检查验收，符合设计要求。防水密封材料应具有合格证及进场复试报告。

（3）外墙应进行现场淋水试验，并形成淋水试验报告。检查数量为：按外墙面积每 10 m² 划分为一个检验批，不足 100 m² 时也应划分一个检验批；每个检验批每 10 m² 应至少抽查 1 处，每处不得少于 10 m²。

6.4 装配式混凝土结构工程验收需提供的文件与记录

工程验收需要提供文件与记录，以保证工程质量实现可追溯的基本要求。行业标准《装配式混凝土结构技术规程》(JGJ 1—2014)中规定装配式混凝土结构工程验收需要提供的文件与记录：要按照国家标准《混凝土结构工程施工质量验收规范》(GB 50204—2015)的规定提供文件与记录。

6.4.1 《混凝土结构工程施工质量验收规范》规定的文件与记录

《混凝土结构工程施工质量验收规范》(GB 50204—2015)规定验收需要提供的文件与记录如下。

（1）设计变更文件。

（2）原材料质量证明文件和抽样复检报告 。

（3）预拌混凝土的质量证明文件和抽样复检报告。

（4）钢筋接头的试验报告。

（5）混凝土工程施工记录。

（6）混凝土试件的试验报告。

（7）预制构件的质量证明文件和安装验收记录。

（8）预应力筋用锚具、连接器的质量证明文件和抽样复检报告。

（9）预应力筋安装、张拉及灌浆记录。

（10）隐蔽工程验收记录。

（11）分项工程验收记录。

（12）结构实体检验记录。

（13）工程的重大质量问题的处理方案和验收记录。

（14）其他必要的文件和记录。

6.4.2 《装配式混凝土结构技术规程》列出的文件与记录

（1）工程设计文件、预制构件制作和安装的深化设计图。

（2）预制构件、主要材料及配件的质量证明文件、现场验收记录、抽样复检报告。

（3）预制构件安装施工记录。

（4）钢筋套筒灌浆、浆锚搭接连接的施工检验记录。

（5）后浇混凝土部位的隐蔽工程检查验收文件。

（6）后浇混凝土、灌浆料、坐浆材料强度检测报告。

（7）外墙防水施工质量检验记录。

（8）装配式结构分项工程质量验收文件。

（9）装配式工程的重大质量问题的处理方案和验收记录。

（10）装配式工程的其他文件和记录。

6.4.3 其他工程验收文件与记录

在装配式混凝土结构工程中，灌浆最为重要，辽宁省地方标准《装配式混凝土结构构件制作、施工与验收规程》（DB21/T 2568—2020）特别规定，需提供钢筋连接套筒、水平拼缝部位灌浆施工全过程记录文件（含影像资料）。

6.4.4 预制混凝土构件制作企业需提供的文件与记录

预制混凝土构件制作环节的文件与记录是工程验收文件与记录的一部分。辽宁省地方标准《装配式混凝土结构构件制作、施工与验收规程》（DB21/T 2568—2020）列出了 10 项文件与记录，可供参考。为了保证验收文件与记录的完整性，本节再列出如下。

（1）经原设计单位确认的预制构件深化设计图、变更记录。

（2）钢筋套筒灌浆连接、浆锚搭接连接的型式检验合格报告。

（3）预制构件混凝土用原材料、钢筋、灌浆套筒、连接件、吊装件、预埋件、保温板等产品合格证和复检试验报告。

（4）灌浆套筒连接接头抗拉强度检验报告。

（5）混凝土强度检验报告。

（6）预制构件出厂检验表。

（7）预制构件修补记录和重新检验记录。

（8）预制构件出厂质量证明文件。

（9）预制构件运输、存放、吊装全过程技术要求。

（10）预制构件生产过程台账文件。

6.5　装配式混凝土结构施工验收记录表

6.5.1　检验批质量验收记录表

（1）预制构件检验批质量验收记录见表 6-3。

（2）装配式混凝土剪力墙结构安装与连接检验批质量验收记录见表 6-4。

6.5.2　装配式混凝土剪力墙结构分项工程质量验收记录表

装配式混凝土剪力墙结构分项工程质量验收记录见表 6-5。

6.5.3　接头试件型式检验报告

接头试件型式检验报告应包括基本参数和试验结果两部分,详见表 6-6 至表 6-8。

6.5.4　接头试件工艺检验报告

钢筋套筒灌浆连接接头试件工艺检验报告见表 6-9。

表6-3 预制构件检验批质量验收记录

编号：

单位(子单位)工程名称				分部(子分部)工程名称			分项工程名称	
施工单位				项目负责人			检验批容量	
分包单位				分包单位项目负责人			检验批部位	
施工依据					验收依据			
验收项目				设计要求与规范规定	样本总数	抽样数量	检查记录	检查结果
主控项目	1	预制构件质量		GB 50204—2015 第9.2.1条				
	2	结构性能检验		GB 50204—2015 第9.2.2条				
	3	外观质量缺陷及尺寸偏差		GB 50204—2015 第9.2.3条				
	4	预埋件、插筋、预留孔洞		GB 50204—2015 第9.2.4条				
一般项目	1	构件标识		GB 50204—2015 第9.2.5条				
	2	外观质量一般缺陷		GB 50204—2015 第9.2.6条				
	3	粗糙面质量和键槽数量		GB 50204—2015 第9.2.8条				
	4	长度偏差（mm）	楼板、梁、柱	<12 m	±5			
				≥12 m 且<18 m	±10			
				≥18 m	±20			
			墙板	±4				
	5	宽度、高(厚)度偏差(mm)	楼板、梁、柱	±5				
			墙板	±4				
	6	表面平整度（mm）	楼板、梁、柱、墙板内表面	5				
			墙板外表面	3				
	7	侧向弯曲（mm）	楼板、梁、柱	$L/750$ 且≤20				
			墙板	$L/1\,000$ 且≤20				
	8	翘曲(mm)	楼板	$L/750$				
			墙板	$L/1\,000$				
	9	对角线（mm）	楼板	10				
			墙板	5				

续表

10	挠度变形（mm）	梁、板设计起拱	±10				
		梁、板下垂	0				
11	预留孔（mm）	中心线位置	5				
		孔尺寸	±5				
12	预留洞（mm）	中心线位置	10				
		洞口尺寸、深度	±10				
13	门窗口（mm）	中心线位置	5				
		宽度、高度	±3				
14	预埋件（mm）	预埋板中心线位置	5				
		预埋板与混凝土面平面高差	0,−5				
		预埋螺栓中心位置	2				
		预埋螺栓外露长度	+10,−5				
		预埋套筒、螺母中心线位置	2				
		预埋套筒、螺母与混凝土面平面高差	±5				
		线管、电盒、木砖、吊环与构件平面的中心线位置偏差	20				
		线管、电盒、木砖、吊环与构件表面混凝土高差	0,−10				
15	预留插筋（mm）	中心线位置	5				
		外露长度	+10,−5				
16	键槽（mm）	中心线位置	5				
		长度、宽度	±5				
		深度	±10				

施工单位检查结果	
	专业工长： 项目专业质量检查员： ××年×月×日
监理单位验收结论	
	专业监理工程师： ××年×月×日

注：1. L 为构件长度，mm；

2. 检查中心线、螺栓和孔道位置偏差时，沿纵、横两个方向量测，并取其中偏差较大值。

表 6-4　装配式混凝土剪力墙结构安装与连接检验批质量验收记录

编号：

单位（子单位）工程名称			分部（子分部）工程名称		分项工程名称	
施工单位			项目负责人		检验批容量	
分包单位			分包单位项目负责人		检验批部位	
施工依据				验收依据		
验收项目			设计要求与规范规定	样本总数	抽样数量	检查记录	检查结果
主控项目	1	预制构件临时固定措施	GB 50204—2015第9.3.1条				
	2	套筒灌浆饱满、密实,材料及连接质量	GB 50204—2015第9.3.2条				
	3	钢筋焊接连接接头性能与质量	GB 50204—2015第9.3.3条				
	4	钢筋机械连接接头性能与质量	GB 50204—2015第9.3.4条				
	5	焊接、螺栓连接的材料性能与施工质量	GB 50204—2015第9.3.5条				
	6	预制构件连接部位现浇混凝土强度	GB 50204—2015第9.3.6条				
	7	安装后外观质量	GB 50204—2015第9.3.7条				
	8	底部接缝坐浆强度	JGJ 1—2014第13.2.4条				
一般项目	1	外观质量一般缺陷		GB 50204—2015第9.3.8条				
	2	轴线位置（mm）	竖向构件（柱、墙板）	8				
			水平构件（梁、楼板）	5				
	3	标高（mm）	梁、柱、墙板、楼板底面或顶面	±5				
	4	构件垂直度（mm）	柱、墙安装后的高度	≤6 m	5			
				>6 m	10			
	5	构件倾斜度（mm）	梁	5				
	6	相邻构件平整度（mm）	梁、楼板底面	外露	3			
				不外露	5			
			柱、墙板	外露	5			
				不外露	8			
	7	构件搁置长度（mm）	梁、板	±10				
	8	支座、支垫中心位置（mm）	板、梁、柱、墙板	10				
	9	墙板接缝宽度（mm）	±5				
施工单位检查结果			专业工长：项目专业质量检查员：　××年×月×日				
监理单位验收结论			专业监理工程师：　××年×月×日				

表6-5 装配式混凝土剪力墙结构分项工程质量验收记录

编号：

单位(子单位) 工程名称		分部(子分部) 工程名称				
分项工程 工程量		检验批数量				
施工单位		项目负责人			项目技术 负责人	
分包单位		分包单位 项目负责人			分包内容	
序号	检验批名称	检验批容量	部位/区段	施工单位 检查结果	监理单位验收结论	
说明						
施工单位 检查结果		专业工长： 项目专业质量检查员：　　　××年×月×日				
监理单位 验收结论		专业监理工程师：　　　××年×月×日				

133

表 6-6　钢筋套筒灌浆连接接头试件型式检验报告
（全灌浆套筒连接基本参数）

接头名称			送检日期	
送检单位			试件制作地点 / 日期	
接头试件 基本参数	连接件示意图(可附页)		钢筋牌号	
			钢筋公称直径(mm)	
			灌浆套筒品牌、型号	
			灌浆套筒材料	
			灌浆料品牌、型号	

灌浆套筒设计尺寸(mm)

长度	外径	钢筋插入深度(短端)	钢筋插入深度(长端)

接头试件实测尺寸

试件编号	灌浆套筒外径(mm)		钢筋套筒长度(mm)		钢筋插入深度(mm)		钢筋 对中 / 偏置
					短端	长端	
No.1							偏置
No.2							偏置
No.3							偏置
No.4							对中
No.5							对中
No.6							对中
No.7							对中
No.8							对中
No.9							对中
No.10							对中
No.11							对中
No.12							对中

灌浆料性能

每10 kg灌浆料 加水量(kg)	试件抗压强度量测值(N/mm²)							合格指标 (N/mm²)
	1	2	3	4	5	6	7	
评定结论								

注：1 接头试件实测尺寸、灌浆料性能由检验单位负责检验与填写。其他信息应由送检单位如实申报。
　　2. 接头试件实测尺寸中，外径量测任意两个断面。

表6-7 钢筋套筒灌浆连接接头试件型式检验报告
（半灌浆套筒连接基本参数）

接头名称			送检日期				
送检单位			试件制作地点/日期				
接头试件基本参数	连接件示意图（可附页）		钢筋牌号				
			钢筋公称直径（mm）				
			灌浆套筒品牌、型号				
			灌浆套筒材料				
			灌浆料品牌、型号				
灌浆套筒设计参数							
长度（mm）	外径（mm）		钢筋插入深度（mm）			机械连接端类型	
机械连接端基本参数							
接头试件实测尺寸							

试件编号	灌浆套筒外径（mm）	钢筋套筒长度（mm）	灌浆端钢筋插入深度（mm）		钢筋对中/偏置
			短端	长端	
No.1					偏置
No.2					偏置
No.3					偏置
No.4					对中
No.5					对中
No.6					对中
No.7					对中
No.8					对中
No.9					对中
No.10					对中
No.11					对中
No.12					对中
灌浆料性能					

每10 kg灌浆料加水量（kg）	试件抗压强度量测值（N/mm²）							合格指标（N/mm²）
	1	2	3	4	5	6	7	
评定结论								

注：1. 接头试件实测尺寸、灌浆料性能由检验单位负责检验与填写，其他信息应由送检单位如实申报。

2. 机械连接端类型按直螺纹、锥螺纹、挤压三类填写。

3. 机械连接端基本参数：直螺纹为螺纹距、螺纹牙型角、螺纹公称直径和安装扭矩；锥螺纹为螺纹距、螺纹牙型角、螺纹锥度和安装扭矩；挤压为压痕道次与压痕总宽度。

4. 接头试件实测尺寸中，外径量测任意两个断面。

表 6-8 钢筋套筒灌浆连接接头试件型式检验报告
（试验结果）

接头名称				送检日期		
送检单位				钢筋牌号与公称直径(mm)		
钢筋母材试验结果		试件编号	No.1	No.2	No.3	要求指标
		屈服强度(N/mm²)				
		抗拉强度(N/mm²)				
试验结果	偏置单向拉伸	试件编号	No.1	No.2	No.3	要求指标
		屈服强度(N/mm²)				
		抗拉强度(N/mm²)				
		破坏形式				钢筋拉断
	对中单向拉伸	试件编号	No.4	No.5	No.6	要求指标
		屈服强度(N/mm²)				
		抗拉强度(N/mm²)				
		残余变形(mm)				
		最大力下总伸长率(%)				
		破坏形式				钢筋拉断
	高应力反复拉压	试件编号	No.7	No.8	No.9	要求指标
		抗拉强度(N/mm²)				
		残余变形(mm)				
		破坏形式				
	大变形反复拉压	试件编号	No.10	No.11	No.12	要求指标
		抗拉强度(N/mm²)				
		残余变形(mm)				
		破坏形式				
评定结果						
检验单位				试验日期		
试验员				试件制作监督人		
校核				负责人		

注:试件制作监督人应为检验单位人员。

表6-9　钢筋套筒灌浆连接接头试件工艺检验报告

接头名称					送检日期			
送检单位					试件制作地点			
钢筋生产企业					钢筋牌号			
钢筋公称直径（mm）					灌浆套筒类型			
灌浆套筒品牌、型号					灌浆料品牌、型号			
灌浆施工人及所属单位								

对中单向拉伸试验结果	试件编号	No.1	No.2	No.3	要求指标
	屈服强度（N/mm²）				
	抗拉强度（N/mm²）				
	残余变形（mm）				
	最大力下总伸长率（%）				
	破坏形式				

灌浆料抗压强度试验结果	试件抗压强度量测值（N/mm²）							28 d 合格指标（N/mm²）
	1	2	3	4	5	6	取值	

评定结论				
检验单位				
试验员		校核		
负责人		试验日期		

注：对中单向拉伸试验结果、灌浆料抗压强度试验结果、评定结论由检验单位负责填写，其他信息应由送检单位如实申报。

思考题

1.预制构件安装检验的注意事项包含哪些内容？

2.装配式混凝土结构建筑工程验收的主控项目包含哪些内容？

3.装配式混凝土结构中浇筑二次混凝土之前,隐蔽工程验收应包括哪些内容？

拓展题

装配式混凝土结构施工质量常见问题及控制要点是什么？

第7章 基于 BIM 技术的装配式混凝土结构施工

知识目标

1. 了解 BIM 的基本概念。

2. 熟悉 BIM 的特点,熟悉 BIM 相关软件。

3. 掌握 BIM 在装配式混凝土结构施工阶段的应用。

能力目标

使学生能够初步掌握 BIM 的概念;能够利用 BIM 初步指导装配式混凝土结构施工。培养学生善于思考和勤于钻研的学习态度,求真务实和严谨规范的职业精神。

从最初的手工制图到第一次建筑设计领域的革命——CAD 制图,再到第二次建筑设计领域的革命——BIM 三维设计,建筑设计的发展变化经历了甩图板的过程。

装配式建筑需要全面、细致、深入地协调各个专业的设计、制作、施工等环节的工作,一旦出现问题可能会造成很大的损失。运用 BIM 可以避免或减少衔接环节错误,可以优化设计、制作、施工各个环节的管理,保证质量,降低成本,提高效率,缩短工期,有助于实现建筑产业的自动化、智能化。本章主要围绕 BIM 的概念、特点及 BIM 在装配式混凝土结构施工中的应用展开。

7.1　BIM 的概念

BIM(建筑信息模型)是什么?

BIM 可指代 "Building Information Modeling" "Building Information Model" "Building Information Management" 三个相互独立又彼此关联的概念。Building Information Model, 是建设工程(如建筑、桥梁、道路)及其设施的物理和功能特性的数字化表达, 可以作为该工程项目相关信息的共享知识资源, 为项目全生命周期内的各种决策提供可靠的信息支持。Building Information Modeling, 是创建并利用工程项目数据在项目全生命周期内进行设计、施工和运营的业务过程, 允许所有项目相关方通过不同技术平台之间的数据互用在同一时间利用相同的信息。Building Information Management, 是使用模型内的信息支持工程项目全生命周期信息共享的业务流程的组织和控制, 其效益包括集中和可视化沟通、更早进行多方案比较、可持续性分析、高效设计、多专业集成、施工现场控制、竣工资料记录等。将建筑信息模型的创建、使用和管理统称为 "建筑信息模型应用", 简称 "模型应用"。单提 "模型" 时, 是指 "Building Information Model"。建筑信息模型元素包括工程项目的实际构件、部件(如梁、柱、门、窗、墙、设备、管线、管件等)的几何信息(如构件大小、形状和空间位置)、非几何信息(如结构类型、材料属性、荷载属性)以及过程、资源等组成模型的各种内容。BIM 结构框架如图 7-1 所示。

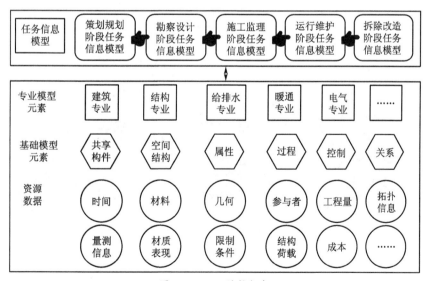

图 7-1　BIM 结构框架

BIM 是一种应用于工程设计、建造和管理过程的数据化工具。它通过参数模型整合项目的各种相关信息,并使这些相关信息在项目策划、运行和维护的全生命周期中进行共享和传递,使工程管理人员和技术人员对各种工程信息做出准确辨识,正确理解和高效应对。BIM 为设计、制作、施工、项目管理提供了协同工作的基础,在提高生产效率与节约成本和缩短工期方面发挥着重要作用。

7.2　BIM 的特点

7.2.1　三维可视化

BIM 的第一个特点是三维可视化(图 7-2)。工程图样是二维的,但表达的是三维空间的物体,需要读图人根据制图规则去想象,越是复杂的三维物体,想象难度越大,越容易出错,例如一个造型复杂的配筋截面,还有各种预埋件的混凝土量,画图和读图就比较麻烦,都容易出错。

而三维可视化可以把构件的各个角度呈现出来,构件内部也是三维的,相当于每个角度每个点都有立体图,这就大大方便了读图。

BIM 的可视化是靠信息自动生成的,具有互动性和反馈性,可使整个过程都是可视的,工程设计、制作、运输、施工过程中的沟通、讨论决策,都在可视化状态下进行。

图 7-2　BIM 的三维可视化图样

7.2.2　协调性

BIM 的第二个特点是具有协调性(图 7-3)。BIM 系统信息共享各环节信息互相衔接,如果不协调会立即暴露,如果一个因素发生变化,其他相关因素也会随之变化,或给出不协调信息。BIM 的协调性对建筑工程特别是装配式混凝土工程非常重要。装配式混凝土工程的设计和实施最重要的工作是调度、协调,日本称之为"打合"。业主、总承包企业、设计和构件制作企业,大量精力用在协调配合方面,工程出现问题,往往通过协调会解决。而在 BIM 系统中,许多协调工作及时进行或自动完成协调,给出协调信息(数据),或给出不协调的提示。

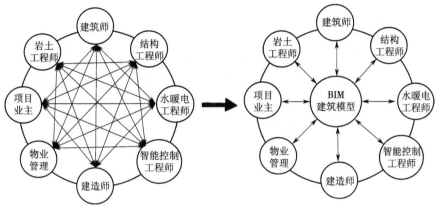

图 7-3　BIM 的协调性

7.2.3　模拟性

BIM 的第三个特点是具有模拟性(图 7-4),可以对设想状态进行模拟,这对装配式混凝土工程很有意义。

例如,在装配式混凝土安装节点设计中可以模拟地震作用下主体结构发生层间位移时墙板的跟随性,以设计最优的安装节点。

例如,在拆分设计中 BIM 系统可以模拟不同拆分方案对建筑效果、模具数量、制作时间与成本、施工工期与成本的影响,以选择最佳拆分方案。

再如,在施工组织设计时 BIM 可以模拟不同塔式起重机布置方案的空间作业、效率与有效覆盖范围的比较,及其与成本和工期的关系。

图 7-4　BIM 的模拟性

7.2.4 优化性

BIM 的第四个特点是具有优化性(图 7-5),即通过信息分析、模拟、比较,选择优化方案。由于 BIM 系统集中了整个工程的信息,其优化过程获得了多因素信息的支持,又有计算机强大的工具支持,比人工优化做得更好。

图 7-5 BIM 的优化性

7.2.5 输出性

BIM 的最后一个特点是输出性(图 7-6)。BIM 可以方便地输出信息,包括图纸、电子邮件、图样、视频等。

 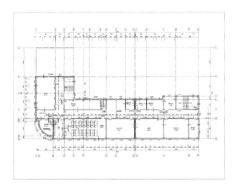

图 7-6 BIM 的输出性

7.3 BIM 技术与装配式混凝土建筑

建筑工业是随西方工业革命出现的概念,工业革命让船舶、汽车的生产效率大幅提升,随着欧洲新建筑运动的兴起，实行工厂预制、现场机械装配，逐步形成了建筑工业化最初的理论雏形。它的基本途径是建筑标准化，构配件生产工业化、施工机械化和组织管理科学化，并逐步采用 BIM 技术的新成果，以提高劳动生产率，加快建设速度，降低工程成本，提高工程质量。

建筑工业化，指通过现代化的制造、运输、安装和科学管理的大工业生产方式，代替传统建筑业中分散的、低水平的、低效率的手工业生产方式。它的主要标志是建筑设计标准化、构配件生产施工化、施工机械化和组织管理科学化。

传统建筑生产方式将设计与建造环节分开，设计环节仅从目标建筑体及结构的设计角度出发，而后将所需建材运送至目的地，进行露天施工，完工后交底验收；而建筑工业化生产，是设计施工一体化，运用 BIM 协同技术加强建筑全生命周期的标准化管理方式，同时基于 BIM 数字化模型平台提升建筑各方面性能指标，并将其进行标准化的设计，直至构件的工厂化生产，最后进行现场装配。

通过对比可以发现，传统方式中设计与建造分离，设计阶段完成蓝图、扩初至施工图交底即目标完成，实际建造过程中的施工规范、施工技术等均不体现在设计方案中。建筑工业化颠覆了传统建筑生产方式，其最大特点是体现全生命周期的理念，以 BIM 信息技术为载体，将设计施工环节一体化，设计环节成为关键，该环节不仅是设计蓝图至施工图的过程，而且是基于 BIM 技术可视化优势，将设计构配件标准、建造阶段的配套技术、建造等规范及施工方案在设计方案中前置，从而使设计方案成为构配件生产标准及施工装配的指导文件。

BIM 的优势还在于可以显著提高混凝土预制构件的设计生产效率。设计师只需做一次更改，之后的模型信息就会随之改变，省去了大量重设参数与重复计算的过程。同时它可以快速有效地传递数据，且数据都是在同一模型中呈现的，这使各部门沟通更直接。

深化设计可以直接从建筑设计模型中提取需要的部分并且进行深化，再通过协同交给结构设计师完成结构的设计与校核，合格后还可由构件厂直接生成造价分析。由于 BIM 系统中 3D 与 2D 的结合，计算完成后的构件可以直接生成 2D 的施工图交付车间生产。如此一来，就将模型设计、强度设计、造价分析、车间生产等几个分离的步骤结合到一起，减少了信息传输的次数，提高了效率。同时，BIM 也可以为预制构件的施工带来很大方便，它能够生成精准生动的三维图形和动画，让工人对施工顺序有直观的认识。

7.4　BIM 在装配式混凝土建筑中的应用

建筑工程项目之所以常常出现错漏空缺和设计变更，就是因为工程项目各专业各环节的信息零碎化，形成一个个信息孤岛，信息无法整合和共享。各专业各环节缺少一个共同的交互平台，造成信息封闭和传递失误。现浇混凝土工程出现"撞车"问题，还可以在现场解决,装配式混凝土工程构件是预制的,一旦到现场才发现问题,木已成舟,来不及补救,会造成很大的损失。BIM 技术可以改变这一局面,由于建筑、结构、水暖电各个专业之间,设计、制作和安装之间共享同一模型信息,检查和解决各专业、各环节间存在的冲突更加直观和容易。例如,在装配式混凝土建筑实际设计中,通过整合建筑、结构、水暖、电气、消防、弱电各专业模型和设计制作、运输施工各环节模型,可查出构件与设备管线等的碰撞点,每处碰撞点均有三维图形,显示碰撞位置、碰撞管线和设备名称以及对应的图样位置处。

例如,某装配式混凝土预制构件与消防喷淋管道碰撞,通过 BIM 模型碰撞检查信息,在深化该预制构件的设计时,就可在具体位置用相对尺寸和标高标出该预制构件的预留孔洞的尺寸。这样深化生产的预制构件运到现场就可以吊装成型,而不需要在预制构件上开洞。

可以想象一下,如果一个装配式混凝土项目存在大量类似的碰撞结果,而单纯靠技术人员的空间想象能力去发现这些碰撞结果势必会造成遗漏,如果在施工时才发现则需返工修改,延误工期并无端增加成本,其损失不可估量。BIM 技术可以综合建筑结构安装各专业间信息进行检测,帮助及早发现问题,防患于未然。

BIM 在装配式混凝土建筑中最重要的应用包括以下方面。

(1)利用 BIM 进行建筑结构、装饰、水暖电设备各专业间的信息检测,实现设计协同,避免“撞车”和疏漏,避免“不说话”,避免专业间的信息孤岛。

(2)利用 BIM 进行构件设计、构件制作、构件运输、构件安装的信息检测,实现各个环节的衔接与互动,避免无法制作、运输和安装的现象,实现整个系统的优化。

(3)利用 BIM 优化拆分设计,使得装配式混凝土构件在满足建筑结构要求的同时,便于制作、运输与安装,包括埋设物的中断连接节点被充分考虑和精心设计。

(4)利用 BIM 进行复杂连接部位和节点的三维可视技术交底。

(5)利用 BIM 进行模具设计,使模具能保证构件形状准确和尺寸精确,保证预埋件预留孔没有遗漏、定位准确,便于组模、拆模,实现成本优化。

(6)利用 BIM 进行装配式混凝土工程组织,使构件制作、运输与施工各个环节无缝衔接,动态调整。

(7)利用 BIM 进行施工方案设计,包括起重机布置吊装方案,后浇筑混凝土施工,各个施工环节的衔接。

(8)利用 BIM 进行整个装配式混凝土工程的优化等。

7.5 装配式混凝土建筑相关 BIM 软件

装配式混凝土建筑全生命周期分为设计、生产、装配施工三个阶段。目前 BIM 软件的分类并没有严格的标准和准则，分类主要参考美国总承包商协会（AGC）的资料。BIM 常用工具按功能划分如表 7-1 所示。

表 7-1　BIM 常用工具

功能	常见工具
建筑	Affinity，Allplan，Digital Project，Revit Architecture，Bentley BIM，ArchiCAD，SketchUP
结构	Revit Structure，Bentley BIM，ArchiCAD，Tekla
机电设备	Revit MEP，AutoCAD MEP，Bentley BIM，CAD-Duct，CAD-Pipe，AutoSprink，PipeDesigner 3D，MEP Modeller
场地	Autodesk Civil 3D，Bentley Inroads and GEOPAK
协调碰撞	NavisWorks or Bentley Navigator
4D 计划	NavisWorks，Synchro，Vico，Primavera，MS Project，Bentley Navigator
成本计算	Autodesk QTO，Innovaya，Vico，Timberline，关联达，鲁班，Cost OS BIM
能耗分析	Autodesk Green Building Studio，IES，Hevacomp，TAS
环境分析	Autodesk Ecotect，Autodesk Vasari
规范	E-Specs
管理	Bentley WaterGem
运维	ArchiFM，Allplan Facility Management，Archibus
其他	金木土，Solibri

7.5.1　PKPM–PC 软件

为了适应装配式建筑的设计要求，PKPM 编制了装配式建筑设计软件 PKPM-PC，其包含两部分内容：结构分析部分，在 PKPM 传统结构软件中，实现了装配式结构整体分析及相关内力调整、连接设计等；在 BIM 平台上实现了装配式建筑的精细化设计，包括预制构件库的建立、三维拆分与预拼装、碰撞检查、预制率统计、构件加工详图、材料统计、

基于 BIM 的
PKPM-PC 软件介绍

BIM 数据接力到生产加工设备。PKPM-PC 启动界面和主界面如图 7-7 所示。

PKPM-PC 主界面包括如下几个主要功能模块：

（1）构件库管理；

（2）装配式方案；

（3）装配式深化设计；

（4）构件加工图；

（5）导出加工数据。

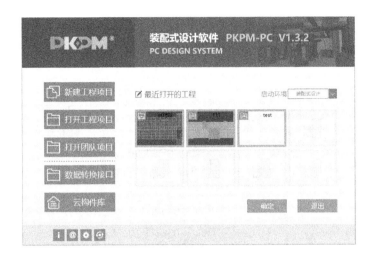

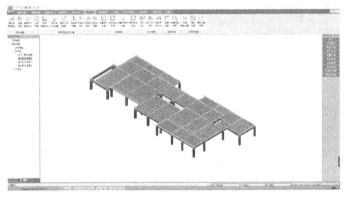

图 7-7　PKPM-PC 启动界面和主界面

1. 构件库管理

1）辅助装配式住宅标准化

PKPM-PC 标准化样例如图 7-8 所示。

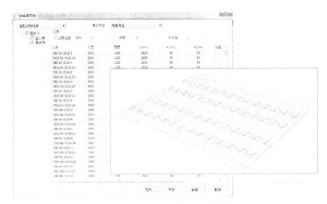

图 7-8　PKPM-PC 标准化样例

2）国标图集

国标图集如图 7-9 所示。

图 7-9　国标图集

3）构件库查询及修改

目前,团队共享库的类型包括两种:装配式构件库和装配式附件库,可通过左上角的下拉菜单进行切换,当切换到装配式构件库的时候,会把装配单元按类型在左侧的树形列表中进行罗列,可通过点击树形列表的节点对右侧数据展示区的内容进行更新显示（图 7-10）。

装配式构件库中的构件类型包括:叠合板、预制剪力墙、预制外墙板、预制楼梯、叠合阳台、预制阳台、预制空调板等。

装配式附件库用来管理装配式构件中更小的一些标准件,这些标准件可能和加工厂能生产的型号及类型有直接关系,同时作为程序中模型进行自动化设计时选取材料的一个依据,用户可以指定程序只能从固有的附件库中选择合适的标准件来完成装配式构件的组装。

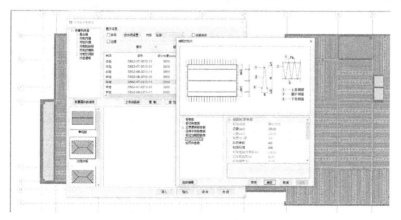

图 7-10　构件库

附件库中的构件类型包括:钢筋套筒组件、吊装连接件、预埋支撑螺母、预埋线盒、预埋管件等。

构件库支持基本的操作:过滤查询;增加、修改、删除;导入、导出构件库文件。

2. 装配式方案

1)建立装配式模型

(1)导入建筑数据(建筑转结构),如图 7-11 所示。

图 7-11　从 Revit 中导入模型的案例界面

(2)交互建模(现浇结构建模再拆分或构件库拼装),如图 7-12 所示。

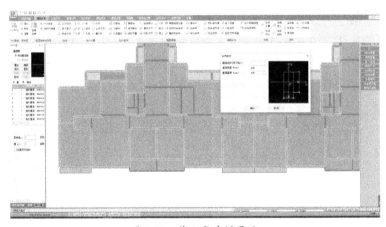

图 7-12　装配式建模界面

(3)导入 PM 数据,如图 7-13 所示。

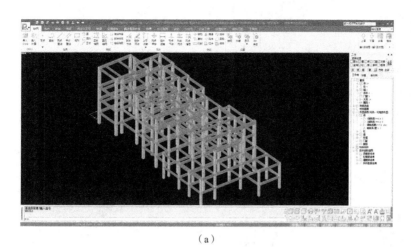

（a）

（b）

图 7-13　PM 模型与导入的 PKPM-PC 模型对比

（a）PM 模型　（b）导入的 PKPM-PC 模型

2）装配式设计指标

装配式结构设计主要依据的规范：《装配式混凝土结构技术规程》（JGJ 1—2014）、《混凝土结构工程施工规范》（GB 50666—2011）、《混凝土结构工程施工质量验收规范》（GB 50204—2015）、《钢筋套筒灌浆连接应用技术规程》（JGJ 355—2015）。

对装配整体式混凝土结构采用的是等同现浇结构设计，在 SATWE 软件现浇设计的基础上完成下述设计内容：既有预制又有现浇时，现浇部分地震内力放大；现浇部分、预制部分承担的规定水平力地震剪力百分比统计；叠合梁纵向抗剪计算；预制梁端竖向接缝的受剪承载力计算；预制柱底水平连接缝的受剪承载力计算；预制剪力墙水平接缝的受剪承载力计算。

在 SATWE 分析参数的结构体系中增加四类装配式结构体系：装配整体式框架结构、装配整体式剪力墙结构、装配整体式部分框支剪力墙结构、装配整体式预制框架—现浇剪力墙结构，并在调整信息中提供了现浇部分地震内力放大系数。

　　装配式结构采用等同现浇的设计方法,在实现现浇结构所有分析、调整及相关设计的基础上,针对装配式结构,SATWE 软件增加了几项分析与设计。

3. 装配式深化设计

1)装配式在模型中的三维预拼装(包括围护墙、设备管线等)

　　通过三维预拼装,在设计阶段就能避免冲突或安装不上的问题,模拟施工,确定施工安装顺序,如图 7-14 所示。

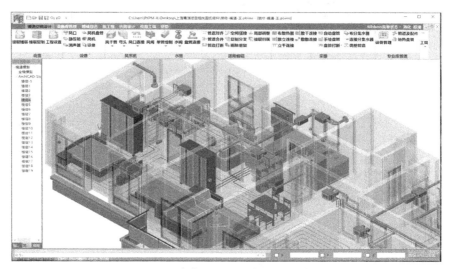

图 7-14　多专业协同设计的 BIM 模型

2)拆分工具

　　该系统能根据运输尺寸、吊装重量、模数化要求,自动完成构件拆分(图 7-15);能根据国标设计规范要求完成自动设计。

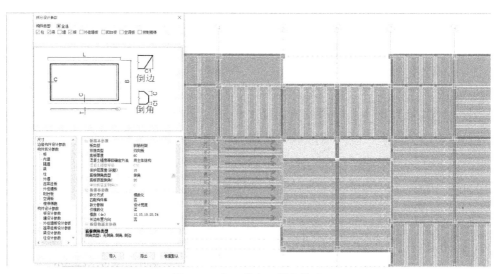

图 7-15　交互拆分及拆分修改

3）交互布置

该系统能交互布置构件、预埋件、预留孔洞等。

4）预制率、算量统计

该系统能提供材料统计，并自动计算预制率。

（1）统计内容配置如图 7-16 所示。该配置界面的操作方式与构件库中配置界面的操作一致，只是配置的类型及具体参数略有不同，此处不再重复说明。

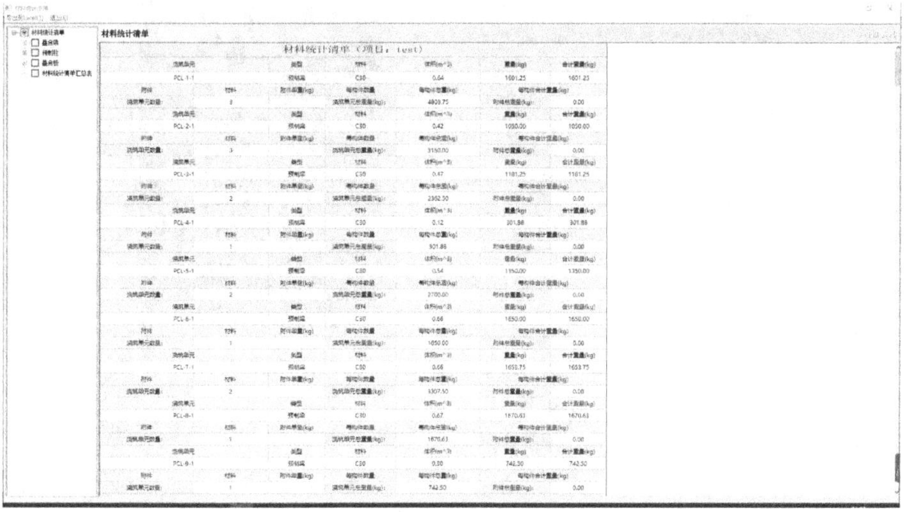

图 7-16　材料统计内容配置

（2）构件算量统计报表见图 7-17。系统对各种类型构件本身的参数进行统计，同时也可以对各类附属件进行统计。统计的内容及显示方式由配置信息决定。该报表支持直接打印，也支持导入 Excel 中再编辑。

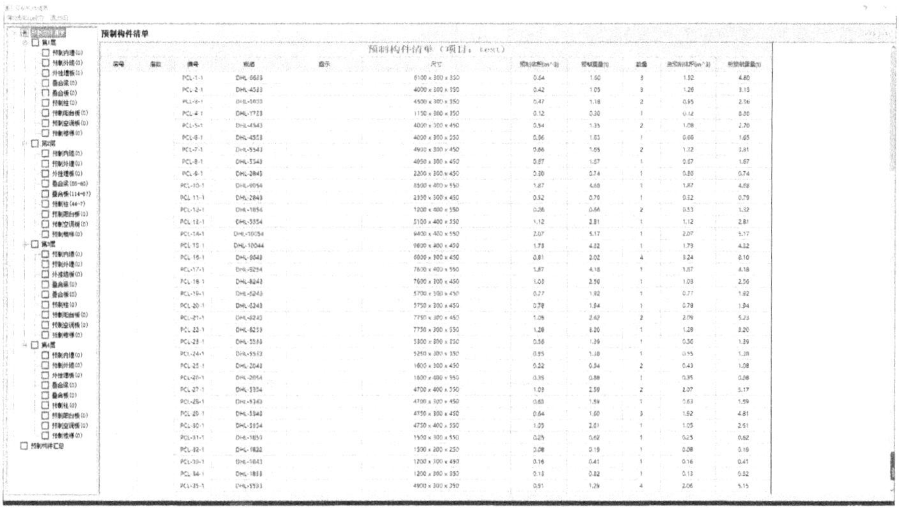

图 7-17　构件用量统计报表

5）构件计算工具

构件计算工具如图 7-18 所示。

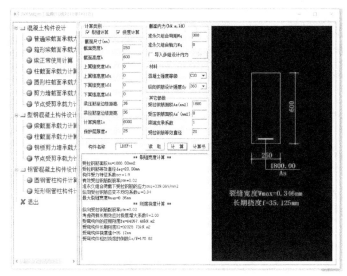

图 7-18　构件计算工具

4. 构件加工图

1）图纸工程信息配置

图纸工程信息配置如图 7-19 所示。

图 7-19　图纸工程信息配置

2）自动出全楼构件加工图纸

基于 BIM 平台的预制构件详图自动生成,装配式结构图要细化到每个构件的详图,详图工作量很大,BIM 平台下的详图自动生成,保证模型与图纸一致,既能够提高设计效率,又能提高构件详图图纸的精度,减少错误,如图 7-20 至图 7-22 所示。

图 7-20　预制墙详图

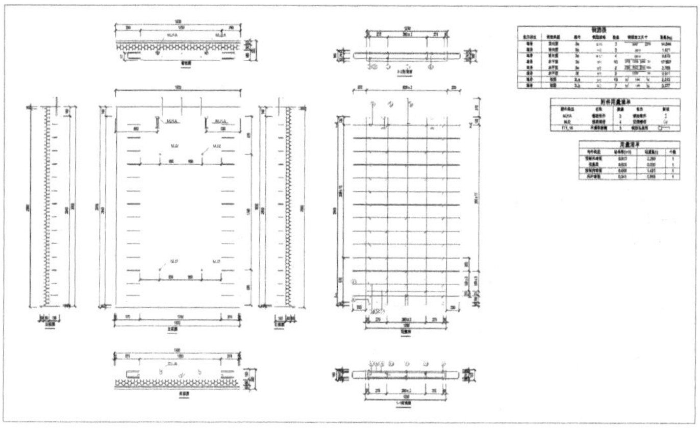

图 7-21　自动导出全楼加工图纸

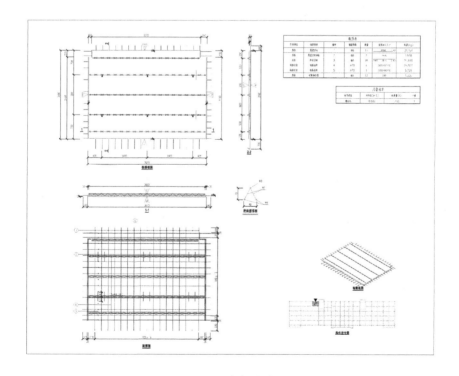

图 7-22　叠合梁详图

3）图纸可以发布成 DWG 图

在该系统中,图纸可以发布成 DWG 图。

5. BIM 模型数据直接接力数控加工设计 CAM

装配式结构的 BIM 模型数据直接接力工厂加工生产信息化管理系统,预制构件模型信息直接接力数控加工设备（图 7-23）,自动进行钢筋分类、钢筋机械加工、构件边模摆放、管线开孔信息的画线定位、浇筑混凝土量的计算与智能化浇筑,达到无纸化加工,也避免了加工时人工二次录入可能带来的错误,大大提高了工厂的生产效率。

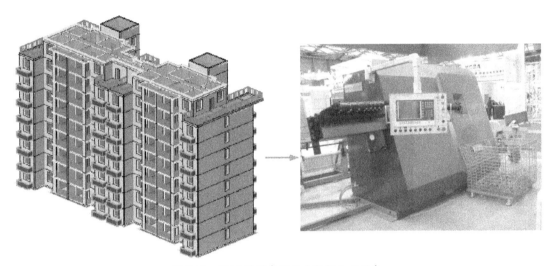

图 7-23　BIM 模型直接接力数控加工设备

7.5.2　BeePC 软件

BeePC 软件是目前国内首款基于 Revit 平台的装配式智能深化 BIM 软件,是一款内置规范与图集,可以边建模边做装配式深化设计的 BIM 软件,其界面如图 7-24 所示。软件具备可视化操作、傻瓜式建模、构件智能编号、构件一键出图、一键生成构件明细表(含钢筋形状和尺寸)和一键生成工厂 BOM 表等特点,以后还会持续增加各种人性化和效率功能,帮助用户方便规范地学习装配式、BIM+PC 建模及出图出量。

目前已经推出和正在优化中的模块有叠合板、叠合梁、预制楼梯、预制柱、剪力内墙、阳台板,正在研发中的模块为剪力外墙、空调板、女儿墙、飘窗等。

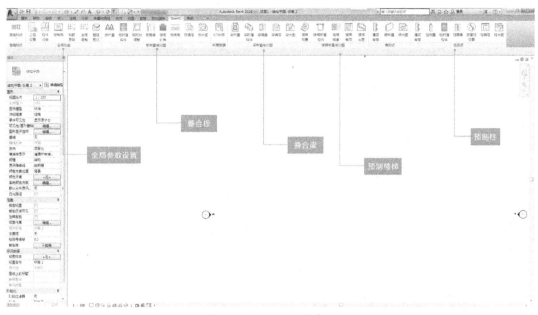

图 7-24　BeePC 软件界面

1. 整体板流程

（1）板布置（图 7-25）。

图 7-25　板布置图

（2）板附属构件（图 7-26）。

图 7-26　板附属构件

（3）板切角、板倒角、板镜像等效率建模功能（图 7-27）。

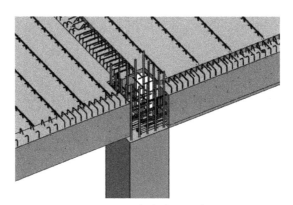

图 7-27　效率建模功能样例

（4）板一键编号（图 7-28）。

图 7-28　板一键编号

（5）板一键出图（图 7-29）。

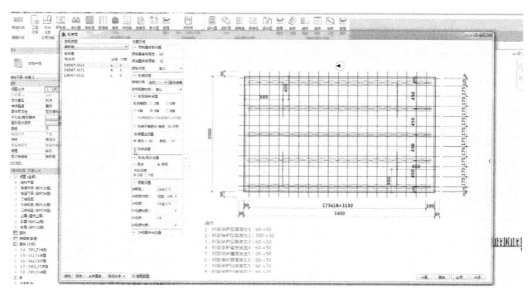

图 7-29　板一键出图

2. 叠合梁布置 GIF 效果（图 7-30）

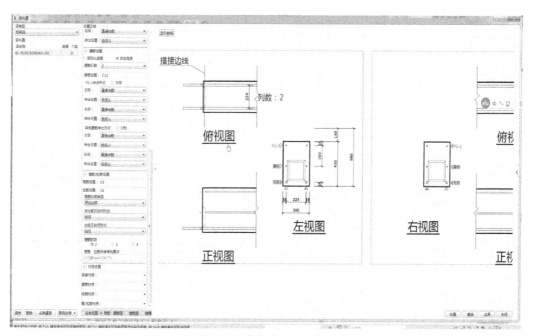

图 7-30　叠合梁布置效果图

（1）界面修改参数，快速调整方案。

（2）支持键槽、预埋件的设置。

（3）箍筋、纵筋可单独、批量修改，支持任意避筋形式。

3. 预制楼梯布置

（1）支持吊件、挑耳、滴水线、防滑槽设置。

（2）支持各类钢筋设置，并可通过颜色区分。

（3）界面直接修改参数，所见即所得确认方案。

（4）支持镜像、编号、出图、出量、出表。

7.5.3 planbar 软件

planbar 软件为预制构件工厂和设计院提供全方位的软件技术支持，提供基于模型的预制构件设计，实现整个过程的3D可视化。其主要功能如下。

1. 支持 2D/3D 同平台工作

在 planbar 中同时含有 2D 和 3D 相关模块。用户可以在 planbar 中，实现 2D 信息和3D 模型的创建和修改，这是以前传统方式下几个软件一起才能完成的工作。它将二维与三维充分结合（图7-31），真正实现了 BIM 的工作方式。

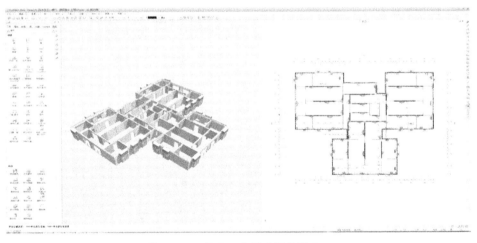

图 7-31 二维和三维联动操作界面

2. 支持一体化设计

planbar 中包含建筑、工程、预制等模块，能够实现预制构件全流程、一体化的设计。

3. 支持城市基础设施设计

planbar 中特有的隧道、桥梁、道路等模块，可以支持用户进行城市基础设施的设计。

4. 创建建筑模型

通过 planbar "向导" 功能，用户可以高效且高质量地创建建筑模型（图7-32）。

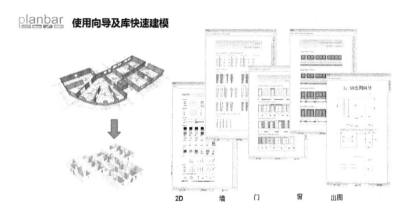

图 7-32　用"向导"功能创建建筑模型

5. 布置 3D 钢筋

planbar 可实现高效的 3D 钢筋布置工作（图 7-33）。

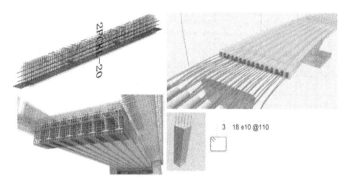

图 7-33　3D 钢筋布置

6. 预制件深化设计

在 planbar 中，用户可以完成专业的混凝土预制构件深化工作（图 7-34）。

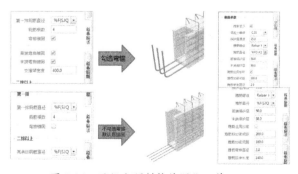

图 7-34　混凝土预制构件深化工作

7. 模型渲染与模型动画

planbar 中集成了内梅切克集团旗下另一子公司 Maxon Computer 开发的著名产品 CINEMA 4D。作为一款整合了模型渲染与动画的高级 3D 绘图软件，CINEMA 4D 一直以极高的图形计算速度闻名，它的渲染器在不影响速度的前提下，使图像品质有了很大的提高。planbar 正是运用了 CINEMA 4D 的这一优越性能，达到了出色的模型渲染与动画效果。

8. 一键出深化图纸

planbar 内置出图布局库，用户可以根据需要自定义图纸的布局排列。依据构件几何信息和钢筋的 3D 模型，一键点击即可自动生成 2D 图纸（图 7-35）。图纸不仅提供预埋件、钢筋的签和尺寸标注线，还提供该预制构件的所有物料信息。

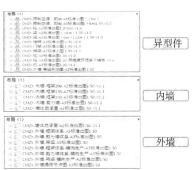

图 7-35　一键出深化图纸

9. 图纸与模型实时联动

任何时候，用户在图纸中修改了构件、预埋件、钢筋的数量、位置、形状等相关信息，planbar 都会在后台自动编辑模型，实现模型的实时更新；反之亦然。图纸与模型的实时联动，让两者在任意时刻都保持一致，保证了设计图纸的质量，提高了用户的工作效率。

10. 快速创建物料清单

planbar 的列表发生器、报告、图例三项功能，只需一键点击，就能够分别以不同的格式为用户快速创建所需的物料清单，如：构件清单、单个构件物料清单、工厂钢筋加工下料单等。对于物料清单的导出格式，用户可以在模板的基础上进行自定义设置。

11. 为自动化生产设备提供可靠的生产数据

目前 planbar 所提供的生产数据，可以与全球范围内绝大多数自动化流水线进行无缝对接（图 7-36）。例如：将生产数据以 Unitechnik 和 PXML 等格式导出后传递到中控系统，实现工厂流水线的高效运转。

图 7-36　生产数据与自动化流水线对接

12. 为钢筋加工设备提供所需的生产数据

planbar 可以为钢筋加工设备提供需要的生产数据,包括钢筋弯折机需要的 BVBS 数据;钢筋网片焊接机需要的 MSA 数据(MSA 数据甚至支持弯折的钢筋网片的加工生产)。

13. 碰撞检查

planbar 中对钢筋和钢筋、钢筋和预埋件之间的碰撞检查(图 7-37),使用户可以快速发现设计中存在的不合理问题并及时解决,将错误降到最小,最大限度地避免了预制构件返工的风险。

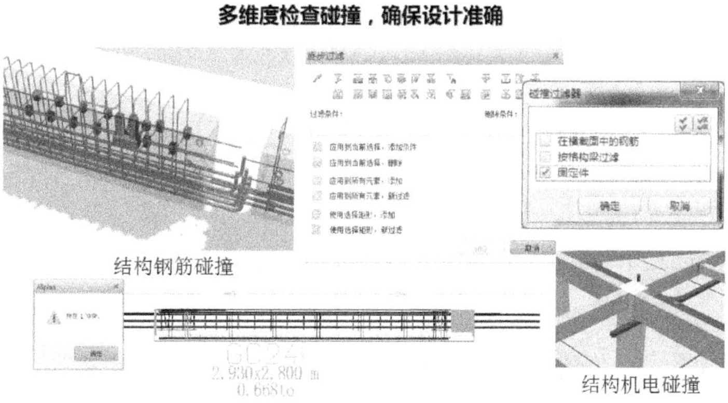

图 7-37　碰撞检查

14. 提供 ERP 系统需要的数据

planbar 中的模型信息能够以 XML 数据格式导出,通过对 XML 数据的解析,ERP 系统就能够轻松地提取混凝土、钢筋、预埋件的物料信息,如物料名称、编码、数量、单位等。

15. 提供 5D 管理平台需要的数据

planbar 可以提供相关数据,从而实现项目的 5D 管理。

7.6 BIM 在装配式混凝土建筑设计阶段的应用

7.6.1 基于 BIM 设计方法的基本原理

利用 BIM 技术建立装配式构件库和装配式组件库,可以使构件标准化,减少设计错误,提高出图效率,尤其在预制构件的加工和现场安装上可大大提高工作效率。

BIM 组件库应具有高度的参数化性质,可以根据不同的工程项目改变组件库在项目中的参数,通用性和拓展性强。

1. 命名规则

BIM 模型中最基本的信息是名称,有名称就需要命名规范。命名规范包括模型文件名和族文件名规范。项目中使用的构件具有统一的命名标准,以便于后期整合各分包单位的模型文件。同时,方便整个项目的工程量统计等后期应用。

2. 颜色规定

项目模型中可以通过颜色对不同类构件进行分区,为了统一这种区分度,要求添加各相关部分时颜色规范化,保持统一。

3. 族制作

族是项目的基本组成部分,后期竣工模型的一系列使用功能都建立在规范的族上,如国标工程量的统计。因此规范族的制作过程很重要。

4. 项目协同方式

以数据交换为核心的协同方式,使 BIM 数据信息在不同专业不同阶段尽可能完整准确地传递与交互。

5. 模型搭建

规范模型搭建工程中的一些准则,保证模型使用上的统一性。

6. 文件储存

建立规范文件体系,将所有模型和文档放在相应的文件中,以便归档和及时查阅。

7.6.2 BIM 构件库的拆分和深化设计

在装配式建筑设计中要做好预制构件的"拆分设计",在前期的策划阶段就需要专业的介入,确定好装配式建筑的技术路线和产业化目标,在方案设计阶段根据既定目标依据构件拆分原则进行设计方案创作,这样才能避免方案的不合理导致后期技术经济性的不合理,避免由于前后脱节造成的设计失误。

通过对 BIM 模型中的单个外墙构件的几何属性进行可视化分析,可以对预制外墙板的类型数量进行优化,减少预制构件的类型和数量。在建立三维深化设计模型后,平、立、剖面模型能够自动生成,可三维动态展示,方便加工制造,从而降低深化设计的成本。

7.6.3　综合碰撞检查

BIM 设计软件自带碰撞校核管理器来检查钢筋,打开后选定所需校核的构件和模型,直接点击校核即可,碰撞检查完成后,管理器对话框会将所遇到的碰撞的位置全部列出来,包括碰撞对象的名称,碰撞的类型、构件及碰撞对象的 ID 等。

7.6.4　智能化出图

BIM 设计软件具有强大的智能出图和自动更新功能,对图样的模板做相应的定制后即可自动生成所需的深化设计图样,整个出图过程无须人工干预,而且有别于传统的 CAD 创建的数据孤立的二维图样,它可以自动生成 BIM 图样和模型动态链接。一旦模型数据有变动,与其关联的所有图样都会自动更新。图样能精确表达构件相关钢筋的构造布置、各种钢筋的弯起做法、钢筋的用量等,可直接用于预制构件的生产,避免了人工出图可能出现的错误。

7.7　BIM 在预制构件加工阶段的应用

装配式构件的生产制作相当于把工程施工的一部分拿到工厂环境下进行施工,因此与传统的施工组织形式会有不同,但构件加工的工艺工法和工序与传统施工方法有很多相通之处,在 BIM 管理手段上相通点较多。

7.7.1　预埋件 BIM 构件库

构件制作加工厂应提前准备好构件制作所需的预埋件、吊点等 BIM 构件,并以构件库的形式进行分类管理,在设计阶段即把相应的 BIM 构件以及设计要求提供给建筑设计方,融入设计模型中,使建筑设计更加精准且实施性更强。

（1）建立制作 BIM 构件库,构件制作加工厂应提前准备好构件制作所需的预埋件、吊点等 BIM 构件,并把设置逻辑固化成书面说明。

（2）配合设计方完成拆分设计。在建筑设计阶段即把项目所涉及的预埋件、吊点以及设置逻辑提供给设计方,并配合设计方共同完成装配式建筑的拆分设计,以确保建筑设计的可实施性以及向后续环节传递。

7.7.2 预制构件加工 BIM 模型

创建精细的构件生产加工 BIM 模型,以作为制作环节的所有 BIM 应用的数据基础。

(1)设计 BIM 模型。如果设计阶段有 BIM 模型,且已融入了构件加工和施工的相关要求,则构件加工方可直接在设计模型的基础上进行生产加工和细节深化,并把生产的特有信息录入 BIM 模型。

(2)单独建立模型。如果设计阶段没有 BIM 模型或者没有合格的 BIM 模型,则构件加工方应创建相应的模型,以提供制作环节的 BIM 管理数据基础。

但需注意的是,虽然建模的工作量尚可以接受,但因设计没有采用成熟的 BIM 技术,因此会有较多的设计疏漏,制作方需消耗大量的精力校验设计成果。虽然如此,但时间、精力允许的情况下,依然推荐制作方建立 BIM 模型,会极大地减少构件加工过程中的错误及返工。

7.7.3 碰撞检查

目前有众多软件(例如 Revit、Navisworks 以及大部分平台类软件等)可进行施工模拟以及碰撞检查,可根据项目特点进行选择。如果项目已使用 BIM 管理平台类软件,可直接利用平台类软件进行施工模拟和碰撞检查,以便于提高沟通效率;如果没有使用平台类软件,可直接利用 Navisworks 等单机版软件进行碰撞检查和施工模拟,根据碰撞检查结果来优化构件加工设计。碰撞检查的主要项目如下。

(1)构件内部。对构件内部的细部节点,钢筋、套筒等连接件,洞口预埋件,制作和施工需要的预埋件以及混凝土中的骨料级配等元素进行碰撞检查,以确保构件能够按照设计要求顺利完成加工制作。

(2)构件间连接。对构件间以及构件与现浇部分连接的连接方式、连接尺寸及连接定位等进行碰撞检查,以确保构件能够准确顺利地完成施工安装。

(3)构件与模板。对构件加工模型与加工模板模型进行碰撞检查,优化模板尺寸以及孔洞预留设计,以确保构件能够按设计要求顺利完成加工制作。

7.7.4 输出构件加工深化图

不同于常规的二维构件加工图样设计, BIM 技术可以利用三维模型进行预制构件的设计,完全避免构件间的错漏碰缺,而且达到各专业间以及与工厂加工工艺人员的同步协调。构件设计完成后再根据 BIM 模型直接导出相应的二维图样,二维图样结合 BIM 模型不仅能清楚地传达传统图样的平、立、剖尺寸,而且复杂的空间组合关系也可以表达清楚,更好地保证构件加工信息的完整传递,同时可以利用手机及平板计算机等移动设备进行模型的轻量化展示,并且可以随即进行实时测量。

7.7.5　成本统计

BIM 模型为全信息集成模型,所有部品辅料等信息均可集成到构件信息中,只要整体的施工计划和生产计划编制完成,则所有的材料计划就可以实时导出,而且可以根据材料的采购、库存等计划实时反向优化整体的生产、施工计划。具体操作方法如下。

(1)基础数据准备。需明确选用的成本及材料数据库,可使用项目独立、企业标准或者行业公认的成本数据库。

(2)模型信息录入。根据设计、制作及施工需求把相应的成本数据库数据和材料库数据录入 BIM 模型中。

(3)算量。通过 BIM 软件从模型中直接或者经过一定的扣减计算统计出成本清单工程量以及材料使用量。

(4)计价。根据成本信息库里的组价逻辑(包括人工费、材料费、机械使用费、措施费、税费等)以及工程量来计算工程清单价格及总价。

7.7.6　原材料采购管理

如果已经通过成本软件或管理平台计算出整个工程的材料设备明细,并已完成生产计划编制并置入 BIM 模型,则可推送相应数据至采购软件或管理平台进行采购计划编制。

(1)采购数量。根据已集成了材料属性信息的 BIM 模型通过软件直接提取材料用量。

(2)采购计划。可通过 BIM 软件或管理平台把材料信息和生产、施工计划都置入或者挂接到 BIM 模型构件上,以实现材料采购计划的自动编制和网络传递。

7.7.7　预制构件生产模拟

(1)生产场地模拟。通过建立生产场地(包括构件的制作与运输路径以及堆放场地等)的 BIM 模型,利用 BIM 软件的模拟分析功能检验生产布置设计的合理性和可行性。

(2)生产工艺模拟。利用 BIM 技术的可视性和模拟性等优点推敲和模拟装配式构件生产的工艺工法,以便于找到更合理的工艺工法。

(3)生产计划模拟。利用 BIM 模型和 BIM 系统中的设计、成本、采购、时间等信息编制和模拟生产的全过程计划,对生产加工全过程进行指导,并与工程项目的整体施工计划进行对接。

根据使用 BIM 技术编制的生产、施工计划,加入模型中所包含的成本信息,生成项目完整的五维(三维 + 时间 + 金钱)模拟计划。

7.7.8　生产工厂现场管理

(1)对现场工人的生产指导。利用 BIM 技术的可视性和模拟性,直观地展示构件生产的所有设计要求以及工艺和工序要求,减少培训交底时间,极大地降低因理解不同产生的错误及返工。

（2）对现场进度计划的检查。利用 BIM 信息管理平台的进度管理直观地查看每一个时间点的进度要求，指导生产管理人员通过人工现场查看或网络远程控制检查现场进度。

（3）对现场制作质量的验收。利用 BIM 信息管理平台可快速查看最新的工程资料、质量验收标准、预设好的检查点、材料设备的规格和性能要求，对生产现场进行质量验收以及整改管理。

7.8 BIM 在装配式混凝土结构装配阶段的应用

7.8.1 BIM 辅助施工组织策划

1. 4D 施工进度模拟

工程施工是个很复杂的过程，尤其是预制混凝土建筑项目，在施工过程中涉及众多参与方，穿插预制工序也很复杂。在预制项目施工中，传统的施工计划多适用于工程技术人员及管理层，不能被参与工程的各级人员广泛理解和接受，从而导致了预制构件装配程序的凌乱。由于预制构件必须在现场施工组装之前制造完成，并满足施工质量要求，所以，除了良好、详细、可行的施工计划外，项目各参与方应清楚知道装配计划，尤其是项目管理者需要清楚了解项目计划以及目前的状态。

直观的 4D 施工进度模拟能使各参与方看懂、了解彼此的计划，把传统的甘特图转换为三维的建造模拟过程。BIM 模型构件关联计划、时间分别用不同颜色表示，"已建""在建""延误"等表示预制混凝土项目在实施过程中的动态拼装状况，有助于实现施工的经济性、安全性、合理性。在开始施工前，必须制订周密的施工组织计划，帮助各方管理人员清楚发现施工现场的滞后、提前、完工等情况，从而帮助管理人员合理调配装配工人及后续预制构件的类型及数量。4D 施工进度模拟如图 7-38 所示。

2. 预制构件运输模拟

BIM 技术可以基于预制构件的实际生产信息以及施工现场环境，模拟装配工序，提高项目组织能力。基于 BIM 的施工组织设计，可以动态模拟现场装配的计划节点以及此节点所需预制构件的数量。预制工厂则基于 BIM 数据估算出现场预制构件使用量，进而组织生产和开展调度运输。

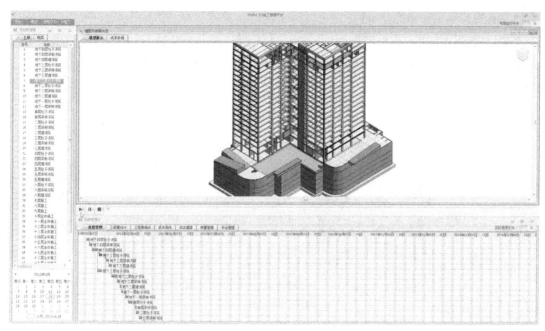

图 7-38 4D 施工进度模拟

预制构件需要利用车辆或船只运送,车体或船舱的空间合理布局方案成为影响运输成本的重点。BIM 技术可以基于三维空间布置将相关的预制构件最优地摆放在对应的运输空间内,并用模拟手段保证运输的安全性,协助项目降低运输成本,减少构件破损率。BIM 预制构件运输模拟如图 7-39 所示。

图 7-39 BIM 预制构件运输模拟

3. 预制场地环境布置

基于 BIM 技术可模拟施工场地及周边环境。预制项目在运送构件或施工大型机械设备时需要多种大型车辆,因此车辆的动线设计、施工现场的车辆及预制构件临时堆放点将会是重要考量因素。同时,由于施工现场布置随施工进度推进呈动态变化,而传统的场地布置方法并没有紧密结合施工现场的动态变化,尤其是对施工过程中可能产生的预制构件堆放点、施工塔吊、机械设备等可能的安全冲突问题缺乏考虑。应基于优化分析,同时结合现有预制工法的其他主要指标,构建更完善的施工场地布置方案评估指标体系,进一步运用灰色关联度分析对优化后的指标体系下不同阶段的不同布置方案分别进行评价,最后用场地布置模拟说明施工场地动态布置总体方案。施工场地布置如图 7-40 所示。

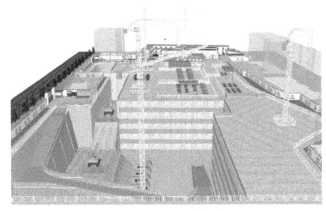

图 7-40 施工场地布置

7.8.2 预制构件虚拟装配建造

随着项目的复杂度增加,预制构件的种类增多,从二维图纸很难理解预制构件的造型及内部连接件等,而预制混凝土建筑的组装精度直接影响建筑物的结构及装修质量,所以在组装预制构件时必须充分论证。使用 BIM 技术,可以在实际拼装之前模拟复杂构件的虚拟造型,随意观察甚至剖切、分析等,让现场安装人员可以非常清晰地知道其构成,大大减少二维图纸的理解错误,确保现场拼装的质量与速度。预制构件数字化制造模拟如图 7-41 所示。

图 7-41 预制构件数字化制造模拟

因此,在施工方案及组装作业顺序等基础资料之上,基于 BIM 三维精确定位技术的预制构件拼装模拟,是提高建筑质量的一种数字化手段。装配模拟如图 7-42 所示。

运用 BIM 模型可以实现预制构件节点与拼配组织方案的结合,能够使预制节点拼装、劳动力部署、机械设备布置等各项工作的安排更为科学、高效、标准,有效地避免因装配失误而导致的建筑质量降低、现场返工、工期拖延、工程变更等情况。

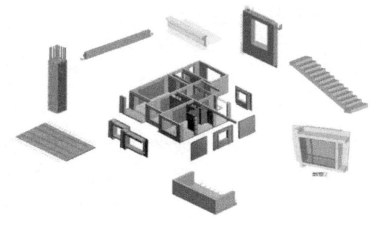

图 7-42　装配模拟

7.8.3　BIM 辅助成本管理

成本是工程项目的核心,对建筑行业来说,对成本的控制主要体现在工程造价管理上。工程造价管理信息化是工程造价管理活动的重要基础,是主导工程造价管理活动的发展方向。

在造价全过程管理中,运用信息技术能全面提升建筑业管理水平和核心竞争力,提高现有的工作效率,实现预制项目的利润最大化。BIM 技术通过三维预制构件信息模型数据库,服务于建造的全阶段。

1. 预制建筑与 BIM 工程量

在预制项目的成本管理中,工程量是不可缺少的基础,只有保证工程量准确才能对项目成本进行控制,通过 BIM 技术建立的三维模型数据库,在整个工程量统计工作中,使企业无须抄图、绘图等重复工作,从而降低了工作强度,提高了效率。此外,通过模型统计的工程量不会因为预制构件的形状或者管道复杂而出现计算偏差。

2. 预制建筑与 5D 管理

预制混凝土建筑项目中利用 BIM 数据库的创建,使 3D 预制构件与施工计划、构件价格等因素相关联,建立 5D 关联数据库。数据库可以准确快速地计算预制构件工程量,提升施工预算的精度与效率。BIM 数据库的数据颗粒度达到构件级,可以快速提供支撑项目各条线管理所需的数据信息,有效提升施工管理效率。同时 BIM 数据库可以实现任意一点上工程基础信息的快速获取,通过合同、计划与实际施工的消耗量、分项单价、分项合价等数据的多算对比,有效了解项目阶段运营盈亏,消耗量有无超标,进货分包单价有无失控等问题,实现对项目成本风险的有效管控。5D 成本管理如图 7-43 所示。

图 7-43　5D 成本管理

7.8.4　BIM 辅助施工质量监控

预制项目的施工质量是保证整个建筑产品合格的基础,预制工艺流程的标准化是预制施工能力的表现,正确的拆分顺序和工法,合理的施工、用料将对预制质量起决定性影响。在传统建筑项目中,预制构件、材料的加工质量完全取决于施工人员的生产、施工水平。

BIM 标准模型为技术标准的建立提供数据平台,通过 BIM 软件动态模拟施工技术流程,有助于标准化预制工艺流程的建立,通过精确计算,可保证预制工法技术在施工过程中细节的可靠性,避免实际生产与拼装做法不一致,减少不可预见状况的发生。施工质量对比如图 7-44 所示。

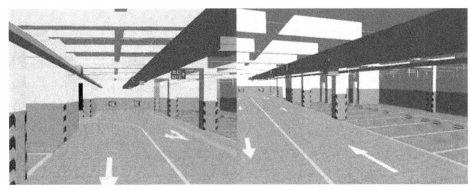

图 7-44　施工质量对比

为了确保预制混凝土建筑物的施工质量,在施工过程中,还可将 BIM 与数码设备相结合,对预制混凝土构件产品的外形、大小、裂缝、破损、金属配件和后期零部件的安装状态等进行数字化质量监测,如图 7-45 所示。同样,利用 BIM 数据设备(如三维扫描仪)可以对预制建筑类机电管线的安装位置及状态关系、预制构件的留洞大小、现场尺寸及管线定位等进行三维对比测试,从而更有效地管理施工现场,监控施工质量,使工程项目的 BIM 数字化管理成为可能,项目管理方和质量监督人员能够第一时间获得信息,减少返工量,提高建筑质量和确保施工进度。

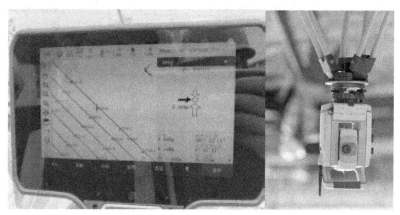

图 7-45　BIM 数字化管理样例

7.9　装配式混凝土建筑 BIM 技术应用案例

7.9.1　长春一汽全预制装配式立体停车楼

该停车楼总建筑面积 78 834.64 m²,共 7 层,单层建筑面积约 11 000 m²,建筑高度 24 m。1 层层高为 4.5 m,2~7 层层高为 3.2 m,楼长约 100 m,宽约 100 m。该楼采用全预制装配式钢筋混凝土剪力墙—梁柱结构体系,地震设防烈度为 7 度。预制柱等竖向构件主要通过半灌浆直螺纹套筒进行连接,预制水平构件与竖直构件间的连接形式为干式连接,如焊接和螺栓连接。该停车楼预制构件有双 T 板、单 T 板、墙、柱、PL 梁、LL 梁、楼梯

长春一汽全预制
装配式立体
停车楼介绍

等类型,共计 3 788 块,除 T 板上有 80 mm 厚现浇叠合层外,其他都为预制,预制率达 95%以上。

本工程为全国首例停车楼大型项目,它采用全预制装配式集成技术,并结合绿色建筑技

术,在设计、施工、构件生产、技术监督、工程管理及整个全预制装配过程中,实现了技术的集成整合和创新。本工程不仅完成了工业化主体结构设计,同时完成了预制构件拆分深化设计、BIM仿真模拟吊装施工的全过程一体化设计,将建筑工业化的设计理念贯穿于各个设计阶段。

停车楼平面为矩形,停车楼主要荷载为小客车停放荷载,屋面为不上人屋面,抗震设防类别为丙级。竖向构件主要为预制混凝土剪力墙和柱,平面 X 方向和 Y 方向都有布置;水平构件主要为预制双 T 板、预制倒 T 梁和预制梁。预制双 T 板板顶现场浇筑 80 mm 厚混凝土叠合层,加强楼屋盖自身的刚度和整体性,增强各预制柱及预制剪力墙在平面内的联系。水平构件通过竖向构件上预留的预制混凝土牛腿竖向传力。竖向荷载作用在楼屋盖上,主要通过预制双 T 板传递,再通过竖向构件上预留的预制混凝土牛腿传递给预制混凝土剪力墙或通过预制梁传递到预制柱上。

结构水平力由预制双 T 板及上部现浇叠合层共同承受并传递给竖向构件。水平力传递的过程中,叠合楼板与竖向构件之间存在面内的剪力及拉力,主要通过叠合层与预制剪力墙之间的混凝土粗糙面、连接钢筋以及预制双 T 板顶的预埋件与预制剪力墙埋件的钢板焊接件传递。

通过 BIM 进行深化设计,包括:竖向构件和水平构件连接节点设计,预制双 T 板设计,预制剪力墙设计,预制柱设计,预制梁设计(倒 T 梁、连梁),预制楼梯设计。竖向构件的连接主要以预制混凝土剪力墙和预制混凝土柱上下层构件的连接为主。上下墙之间的水平接缝处纵筋主要采用钢筋灌浆套筒连接,水平缝上下结合面为粗糙面,缝隙用灌浆料填实。竖向接缝大部分为开缝设计,只有在结构平面纵横交接处和增强结构整体性的地方做预埋件螺栓连接或焊接连接。水平构件连接如图 7-46 所示,竖向构件连接如图 7-47 所示。

(a)   (b)

图 7-46 水平构件连接

(a)预制 T 形梁连接 (b)预制梁柱节点连接

（a）　　　　　　　　　　　　　　（b）

图 7-47　竖向构件连接

（a）预制柱连接　（b）预制柱缝隙处理

预制构件类型包括预制双 T 板、剪力墙板、柱、倒 T 梁、连梁和楼梯等，其中预制双 T 板最长尺寸为 17.25 m，最重的预制构件为 20.3 t，预制构件混凝土体积总计 1.5 万 m³。预制构件的设计包括模板设计、配筋设计、预埋件设计及连接构造设计，其中预制双 T 板的设计是此项目的重点和难点。

对构件吊装及节点连接进行模拟，检验吊装方案的合理性，同时指导现场吊装，图 7-48 为项目施工过程全貌。

图 7-48　项目施工过程全貌

在项目的设计过程中采用以 BIM 技术为代表的三维数字化技术，改变了传统工程设计模式，三维可视化数字技术可优化预制构件设计、模板设计并模拟吊装施工，实现了设计模式创新，使设计更加精细化。BIM 技术在停车楼深化设计（图 7-49）及吊装模拟（图 7-50）上的应用大大简化了深化设计，缩短了准备阶段的工期，增强了通用性，优化了大量的异型构件，从而使方案更加优化（图 7-51），其间接产生的经济效益约为 20 万元。

最大应力:11.07 MPa
产生部位:内墙与双 T 板连接处
应力较大部位产生于外墙与梁搭接处,约 10 MPa

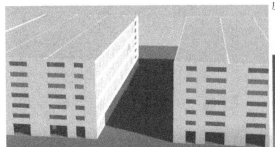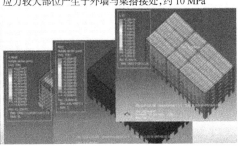

图 7-49 深化设计

图 7-50 吊装模拟

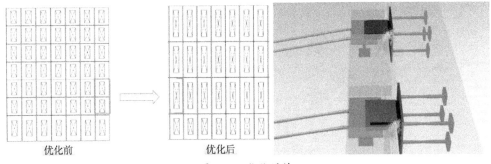

优化前　　　　　　　优化后

图 7-51 优化设计

7.9.2 中建虹桥生态商务商业社区项目售楼处

本项目位于上海市青浦区蟠中路及蟠祥路交叉口处,为上海中建虹桥生态商务商业社区项目配套的售楼中心,建筑面积 1 103 m²,建筑高度 8.95 m，2 层框架结构,大跨部分为预应力结构,采用预制装配整体式方法建造,预制装配率约 61.5%。结构形式为预应力框架结构,结构施工采用装配式建造技术,这是首次将装配整体式预应力混凝土框架结构体系应用于实际工程中。其结构整体三维模型如图 7-52 所示。

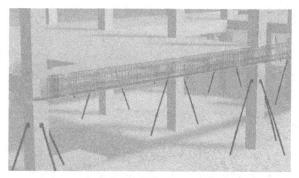

图 7-52　结构整体三维模型

　　本工程全过程采用 BIM 技术。在深化设计阶段,应用 BIM 技术对预制构件、钢筋及埋件建立三维模型,并对其位置进行碰撞检查;在施工阶段,应用 BIM 技术进行施工工况模拟。在工程依托 BIM 技术,保证结构安全的前提下,做到预制率最大化。图 7-53 为现场施工图。

图 7-53　现场施工图

7.9.3　深圳市职工继续教育学院新校区

　　深圳市职工继续教育学院新校区建设工程项目位于深圳市坪山新区,创新路以西与兰田路以南,总建筑面积 80 525 m²。建筑共分为 13 栋,除 2 号楼、3 号楼、11 号楼为高层建筑外,其余均为多层建筑,主要功能分区有教学区、办公区、实验区、图书馆、宿舍楼等。项目总体效果图如图 7-54 所示。其主要结构形式为框架结构,最大跨度为 44 m。

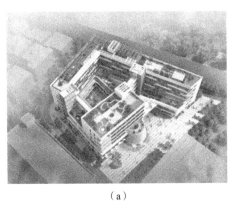
（a）

（b）

图 7-54　项目全貌

（a）鸟瞰图　（b）规划图

　　原设计轴距尺寸不一,按照该轴距进行拆分后,墙板类型过多,通过在柱边做构造墙柱的方法,对轴距进行统一,从而减少构件类型。原窗口位置上下层不统一,利用 BIM 对其进行位置调整;原窗口尺寸大且分散,将其进行合并后居中。表 7-2 为使用 BIM 拆分后自动计算得到的各个构件种类数量。

表 7-2　使用 BIM 拆分后各构件种类数量

楼号	构件种类	构件数量
	类	个
5	15	86
6	9	45
7	10	108
8	8	72
10	9	119
12	20	124
合计	71	554

思考题

1. BIM 的定义及特点是什么?

2. BIM 设计软件所需的功能是什么?

3. BIM 在装配式建筑设计方面的特点和优势是什么?

4. BIM 在装配式混凝土建筑中的应用包括哪些?

5. BIM 技术能给装配式建筑工程管理带来什么?

6. BIM 技术能给装配式建筑工程的制作、施工环节等带来什么变化?

7. BIM 技术能在生产、施工计划模拟中完成哪些工作?

拓展题

1. 请简述装配式混凝土建筑相关 BIM 软件的优缺点及适用情况。
2. 调研汇报基于 BIM 软件的装配式混凝土结构施工类应用案例。

附录

附录 A　装配式建筑构件制作与安装职业技能等级标准

附录 B　"1+X"装配式建筑构件制作与安装证书

附录 C　本书参考答案

参考文献

[1] 中华人民共和国住房和城乡建设部. 混凝土结构工程施工规范：GB 50666—2011[S]. 北京：中国建筑工业出版社，2012.

[2] 中华人民共和国住房和城乡建设部. 混凝土结构工程施工质量验收规范：GB 50204—2015[S]. 北京：中国建筑工业出版社，2015.

[3] 中华人民共和国住房和城乡建设部. 装配式混凝土建筑技术标准：GB/T 51231—2016[S]. 北京：中国建筑工业出版社，2017.

[4] 中华人民共和国住房和城乡建设部. 钢筋套筒灌浆连接应用技术规程：JGJ 355—2015[S]. 北京：中国建筑工业出版社，2015.

[5] 中国建筑标准设计研究院. 装配式混凝土结构住宅建筑设计示例（剪力墙结构）：15J939—1[S]. 北京：中国计划出版社，2015.

[6] 中国建筑标准设计研究院. 装配式混凝土结构连接节点构造（楼盖和楼梯）：15G310—1[S]. 北京：中国计划出版社，2015.

[7] 中国建筑标准设计研究院. 装配式混凝土结构连接节点构造（剪力墙结构）：15J310—2[S]. 北京：中国计划出版社，2015.

[8] 中国建筑标准设计研究院. 装配式混凝土剪力墙结构住宅施工工艺图解：16G906[S]. 北京：中国计划出版社，2016.

[9] 中华人民共和国住房和城乡建设部. 建筑工程施工质量验收统一标准：GB 50300—2013 [S]. 北京：中国建筑工业出版社，2014.

[10] 黄晓伟. 建筑工程装配式构件施工工艺 [J]. 华东科技（综合），2019（8）：110.

[11] 王劲辉. 装配式施工技术在住宅工程中的应用 [J]. 住宅与房地产，2018（2）：63-65.

[12] 金波. 装配式施工技术在住宅工程中的应用研究 [J]. 建筑技术，2017（4）：441-443.

[13] 王鑫，刘晓晨，李洪涛，等. 装配式混凝土建筑施工 [M]. 重庆：重庆大学出版社，2018.

[14] 张波. 装配式混凝土结构工程 [M]. 北京：北京理工大学出版社，2016.

[15] 庞少剑. 预制装配式砼剪力墙结构施工技术要点探讨 [J]. 冶金丛刊，2019，4（22）：28-29.

[16] 张双龙，蒋凤红，田慧文，等. 预制装配式混凝土剪力墙结构关键施工技术 [J]. 施工技术，2017，46（S）：1388-1390.

[17] 王少峤. 预制装配式混凝土剪力墙结构的研究与展望 [J]. 建筑·建材·装饰, 2018(22):185, 203.

[18] 田永畔, 胡香港, 李书颖. 高层预制装配式剪力墙结构施工技术 [J]. 建筑施工, 2017, 39(9):1356-1357, 1367.

[19] 文林峰. 装配式混凝土结构技术体系和工程案例汇编 [M]. 北京:中国建筑工业出版社, 2017.

[20] 郭学明. 装配式混凝土结构建筑的设计、制作与施工 [M]. 北京:机械工业出版社, 2017.

[21] 崔旸, 王德俊, 朱丹, 等. 基于 BIM 的深化设计研究 [J]. 建设科技, 2015(15):117-119.

[22] 程福杰. 装配式建筑工程施工中 BIM 技术的运用 [J]. 建材发展导向, 2020, 18(4):184.

[23] 顾泰昌. 国内外装配式建筑发展现状 [J]. 工程建设标准化, 2014(8):48-51.

[24] 何关培. 施工企业 BIM 应用技术路线分析 [J]. 工程管理学报, 2014, 28(2):1-5.

[25] 胡世军. 装配式建筑施工技术研究与运用 [J]. 商品与质量, 2018(15):57.

[26] 李仲元, 郭跃, 孔宪扬. BIM 技术在工业建筑三维协同设计中的应用 [J]. 工程与建设, 2020, 34(4):634-635, 691.

[27] 刘照球, 李云贵, 吕西林, 等. 基于 BIM 建筑结构设计模型集成框架应用开发 [J]. 同济大学学报(自然科学版), 2010(7):948-953.

[28] 刘丹丹, 赵永生, 岳莹莹, 等. BIM 技术在装配式建筑设计与建造中的应用 [J]. 建筑结构, 2017, 47(15):36-39, 101.

[29] 刘宝华. 基于 BIM 的 3D 可视化智能管控平台的研究和应用 [J]. 软件, 2018, 39(8):74-77.

[30] 乔保娟, 邓正贤, 张洪磊. PKPM 与 Revit 接口软件中若干问题探讨 [J]. 土木建筑工程信息技术, 2014(1):113-117.

[31] 相云瑞. 信息化技术在建筑工程施工管理中的应用 [J]. 建筑工程技术与设计, 2014(14):592.

[32] 许国忠. 探析民用建筑结构设计中 BIM 技术的应用 [J]. 城市建设理论研究(电子版), 2015(9):120-121.

[33] 许超, 吴斯琪. BIM 技术在装配式建筑设计阶段的应用研究 [J]. 智能建筑与智慧城市, 2019(6):109-110.

[34] 朱磊, 肖莉萍, 郑鹏, 等. 装配式混凝土结构基于 PKPM-BIM 平台的设计应用 [J]. 建设科技, 2017(15):24-26.

[35] 张闻, 王威, 吴凤先. PKPM-BIM 在装配式建筑设计中的应用 [J]. 沙洲职业工学院学报, 2019, 22(2):1-4.

[36] 贺菲. 基于 BIM 的装配式建筑的全过程造价管理研究 [D]. 济南:山东建筑大学, 2020.